U0052284

魔法
蛋糕

來自法國的
新口感 魔法蛋糕

飯田順子◎著　　彭春美◎譯

漢欣文化事業有限公司
Han Shin Cultural Enterprise Co., Ltd.

Les gâteaux

前言——

一個蛋糕3種滋味。
「魔法」般的烘焙點心——「魔法蛋糕」。

只要混合麵糊後烘焙，就能形成3種不同層次的口感！
這個在法國的料理網站和食譜書中大受歡迎、
被稱為「魔法蛋糕」的神奇蛋糕，你知道嗎？

使用以蛋為主角的簡單麵糊，稍微調整一下烘焙時間，
就能讓戚風蛋糕、舒芙蕾、布丁、蛋塔……
等等各種烘焙糕點的口感宛如「魔法」般
同時出現在一個蛋糕裡。

魔法蛋糕的原型來自於「Millas」，
這種傳統的家庭式烘焙糕點，
是以麵粉、蛋、牛奶、奶油混合而成的，
可以說是法國糕點的基礎。

Millas衍生出了許多法國各地的傳統點心，
本書中介紹的變化食譜‧利穆贊大區的
櫻桃克拉芙緹（⇒P.48）也是其中之一。
魔法蛋糕的中心～底層是以「芙朗（flan）」來表現的，
這也是巴黎麵包店裡常見的傳統點心，
是一款可以享受到和日本的外郎糕口感相似的、
吃起來軟嫩Q彈的派塔風烘焙點心。

對法國人來說，魔法蛋糕或許可以說是
既新穎又令人懷念的媽媽口味吧！
法國傳統點心單純的美味，是我製作糕點的原點。
在本書中，包含最基本的魔法蛋糕在內，
也介紹了許多人氣蛋糕的變化食譜。
請和家人或喜愛甜點的朋友一起製作、品嘗，
享受讓人興奮期待的「魔法」的滋味吧！

飯田順子

魔法蛋糕的魅力就在這裡！

輕盈鬆軟
由蛋白霜泡沫產生的
像是舒芙蕾般的輕柔海綿層

軟嫩Q彈
有如布丁風味的
軟嫩芙朗層

濃稠綿密
中心部是濃稠滑順的
卡士達奶油層

1 一個蛋糕可以
享受到 3 種口感

魔法蛋糕是將蛋白霜和蛋黃麵糊輕輕攪拌後再進行烘焙。輕盈的蛋
白霜泡沫會形成上面的海綿層，蛋黃麵糊在下面形成凝固的芙朗
層。而在芙朗層的中心附近，因為熱度傳導得比較慢，所以就形成
了奶油層。

麵糊的泡沫
和攪拌方法
是關鍵。

蛋、鮮奶、低筋麵粉……
利用家中現有的材料就能製作

基本材料是蛋、鮮奶、低筋麵粉、奶油、砂糖。就這樣而已。利用蛋白霜和卡士達醬的材料來製作，主角則是蛋。材料非常簡單，想做的時候馬上就能輕鬆製作。

不用隔水烘烤！
可以直接烘焙，
初學者也能輕鬆上手

用大約150℃的烤箱慢慢烘烤40分鐘左右，烘焙成型。不需要如布丁般隔水烘烤，本書採用的是直接烘烤的簡單做法。僅須在底盤和蛋糕模之間夾入一個烤盤之類的器具，就可以防止加熱不均的問題。只要是能夠容納模型的耐熱材質，百元商品的金屬托盤等也OK。

只要重疊在烤盤上直接烘烤即可。

也可以用電子鍋製作
或是加入不同食材，
做出各種變化！

也可以變換烤模或是使用電子鍋或平底鍋來加熱。只要食材本身的水分不多，也可以加入各式各樣的材料。從每天的點心到不同季節的節慶蛋糕，全都可以製作！

Contents

Part 1
基本的魔法蛋糕

Arrange 1 　以基本原料做出美味蛋糕！
不同模型＆配料變化

Arrange 2 　基本蛋糕PLUS！
基本麵糊的各種變化

本書的使用守則

・烤箱使用電烤箱。
　火力或加熱程度依烤箱機種而異，
　因此請將標示的溫度、烘焙時間做為大致標準，視情況進行調整。

・微波爐的加熱時間是以600W為基準。
　如果是500W的機種，請以1.2倍的加熱時間做為大致標準。

・1大匙是15ml，1小匙是5ml，1杯是200ml。

製作美味蛋糕的事前準備

下面介紹的是本書中使用的基本材料和用具、模型。
為了能夠施展好手藝，一開始就要先準備好哦！

材料

就是魔法蛋糕主要的麵糊材料。
除此之外還會使用一小撮的鹽。
進階蛋糕的麵糊也是以這些做為基礎的。

蛋

本書使用的是M尺寸的蛋。蛋白霜太少的話，海綿層就不會鬆軟，因此，如果使用小顆的蛋或是蛋白比較少的蛋，就要以1顆蛋白份30～35g做為大致標準來計量，補足不夠的分量。

無鹽奶油

本書基本上是使用不含食鹽的奶油。如果沒有的話，也可以使用有鹽奶油或菜籽油等植物油來代替。有加入蔬菜的麵糊等，不妨使用純橄欖油來代替，風味一樣迷人。

低筋麵粉

本書是使用品名為「dolce」的適合製作糕點麵包的低筋麵粉。如果是一般超市也能買到的低筋麵粉，則推薦使用「VIOLET（紫羅蘭）」。進行事前準備時，麵粉過篩是很重要的。

細砂糖

本書中的麵糊和鮮奶油使用的都是細砂糖。甜味清爽，可以打出輕盈且具光澤的蛋白霜和鮮奶油。如果沒有的話，也可以使用上白糖，不過甜味會稍微黏膩一點。

鮮奶

使用乳脂肪含量高的鮮奶，可以讓芙朗層和奶油層都呈現濕潤濃郁的風味。使用一般的鮮奶也可以，不過最好避免使用低脂鮮奶或加工乳品，一定要使用成分未經調整的乳品。

香草材料

● 材料要做正確的計量！

糕點會因為材料的調配比例而讓成品出現極大的差異。鮮奶和砂糖等也不可以只用眼睛目測分量，而是要從一開始就全部都用料理秤進行計量。這是預防失敗的基本原則。

除了簡單好用的香草油、風味道地的香草莢之外，也很推薦將香草莢的香味萃取後加入種籽的香草膏。它和香草莢同樣容易使用，也可以品嘗到近似香草莢的風味和種籽的顆粒。

用具

雖然不需要用到特殊器材，
但為了做出美味的蛋糕，還是有必需的用具。
另外，還要準備將蛋糕放涼的網架。

攪拌盆

準備2個攪拌盆，分別用來攪拌蛋白霜和蛋黃麵糊。大攪拌盆以直徑20～25cm的較容易使用。如果有不同大小的中・小型攪拌盆，使用在墊於冰水中打發鮮奶油時也很好用。

粉篩

就算沒有專用的粉篩，使用網眼適度緊密的濾篩或濾網也可以。有把手的類型可以快速篩粉，比較容易使用。

手提式電動攪拌器

想要打出泡沫細緻堅實的蛋白霜，使用一般的打蛋器會相當費時，所以電動攪拌器還是必需品。即使是價格親民的產品也很好用，所以一定要有一台。

料理秤

以公克標示的材料，在製作之前全部要用秤計量。推薦使用電子式的較為正確。放上盛裝容器，扣掉容器的重量歸零之後，再放入材料進行測量。

打蛋器

混合蛋白霜和蛋黃麵糊時，一定要使用打蛋器。為了要能輕柔地攪拌，建議使用大一點且鐵絲堅固的打蛋器。

烘焙紙　刷子

模型的烘焙紙要在製作麵糊前就先鋪好。因為須長時間烘烤較稀的麵糊，為了避免烘焙紙浮起導致變形，所以要用刷子在模型上塗抹奶油以便進行黏著。

橡皮刮刀

要從攪拌盆中舀起麵糊，或是要將麵糊抹平時使用。如果是耐熱矽膠材質，無論是要隔水加熱以融化奶油或巧克力，或是要煎炒食材等，只要一支就能全部搞定。

烤盤

用蛋糕模型烘烤麵糊時，建議在底盤和模型之間再夾入一個烤盤。只要是耐熱材質又能容納模型的大小，不只限於陶瓷烤盤，金屬托盤等也可使用。

● 裝飾用的擠花袋和花嘴

擠花袋也可以使用在百元商店等處販賣的塑膠製品。本書使用的花嘴有4種。擠花方法也都是經常使用的基本技巧，不妨先備齊。

| 星形 | 圓形（大） | 花瓣形（小） | 蒙布朗形 |

模型

由於魔法蛋糕的麵糊水分比較多，為了避免麵糊從模型中流出，所以基本的圓模要使用不可脫底的「固定式」烤模。

圓模

本書使用的模型以直徑15cm的圓模（固定式）為基本。只要是金屬製的，百元商店販賣的模型也可以使用。

方模・磅蛋糕模

大致寬度為15cm。底面寬廣的較容易形成三層。將烘焙紙確實鋪滿四個角落，就是烤出漂亮形狀的秘訣。

烤盅

建議使用直徑10cm以上的烤盅。陶器或耐熱玻璃容器的透熱方式較為溫和，所以用焗烤盤等也很容易製作。

紙杯模

選擇杯口具有支撐性、不易變形的厚杯模。較薄的瑪芬杯很容易讓麵糊流出來，並不適合使用。

烘焙紙的鋪法

鋪在模型中的烘焙紙也要做成盛裝麵糊的容器形狀。用奶油將其確實黏貼在模型上，以免烤好時的形狀變形。

使用圓模時

❶ 將模型放在烘焙紙上，在高出模型2～3cm的地方進行裁剪。

❷ 將模型放在烘焙紙（背面）的正中央，用鉛筆等沿著模型的底部畫線。

❸ 依照圓心摺成四摺，再摺成斜向對半的等邊三角形。

❹ 以模型的圓線為基準，從成為圓環長邊的中心處往對角剪出弧線。

❺ 在弧線的中心，縱向剪開到模型線上方的2～3cm處。

剪開

❻ 沿著模型線，輕輕壓出摺線後打開。

❼ 用刷子沾取在室溫下回溫的奶油（分量外），塗滿模型的整個內側。

❽ 烘焙紙的正面朝上，讓線條沿著模型的底部鋪入。

❾ 將側面多餘的部分摺疊成皺褶狀，一邊在皺褶上補塗奶油地緊貼在模型上。

使用方模時

❶ 和圓模一樣地裁剪烘焙紙，沿著模型的底部畫線。

❷ 依照線條在四邊壓出摺線，四個角剪開到模型線上方的5mm處。

剪開

❸ 和圓模相同，將紙角摺入塗滿奶油的模型裡，密合地黏貼鋪上。

Part 1

基本的
魔法蛋糕

基本的魔法蛋糕是在雞蛋麵糊中

帶有微微香草香氣的卡士達風味。

伴隨著層次形成的樂趣，

是巴黎人最喜愛的點心，

也能品嘗到芙朗的美味。

基本的麵糊不但簡單，也能自由變化。

趕快來做做看吧！

先以基本蛋糕
來學習做出魔法口感
的重點吧！

接下來馬上要為大家介紹的是形成
輕盈鬆軟的海綿蛋糕、卡士達奶油，
以及軟嫩芙朗等共3層的秘密！
只要確實學會基本作法，
進階蛋糕也能輕鬆完成哦！

基本的魔法蛋糕 材料和準備

帶有淡淡的香草風味。這是用2顆蛋就能輕鬆製作，使用小一點的模型的麵糊分量。
基本的材料和模型、用具等，請在確認過P.8～10後預先準備好吧！

材料 圓模15cm（固定式）1個份

使用M型大小的蛋。
有標出公克數的材料請用料理秤計量。

蛋白霜

蛋白……2顆份 •┄┄
鹽……1小撮
細砂糖（或上白糖）……20g

蛋黃麵糊

蛋黃……2顆
鮮奶……250g
細砂糖（或上白糖）……60g
無鹽奶油……60g
低筋麵粉……60g
香草油……少許（或是香草莢¼根、
　　　　　香草膏½小匙 →P.8）

Point

**剛開始時這裡最重要！
蛋要小心地分開**

蛋白中如果混有蛋黃，蛋白霜就打不發，成為
無法形成海綿層的原因。將蛋在攪拌盆上輕輕
敲破，讓蛋黃留在一半的蛋殼中，流出蛋白；
再用手撈取蛋黃，保持蛋黃完整地瀝去蛋白。

製作前的準備

這是本書介紹的蛋糕食譜共通的事前準備。
請記住要領！

▼ 低筋麵粉要過篩

先過篩，攪拌時才不會結塊，而能做
出輕柔細緻的麵糊。在展開的紙上
等，避免飛散地輕輕敲打粉篩的邊緣
進行過篩。

▼ 奶油要隔水加熱融化

在鍋中裝入約50℃的熱水（水一開始
冒出熱氣即熄火），將裝入奶油的攪
拌盆底置於熱水中，讓奶油融解。使
用前要一直置於熱水中，保持溫熱的
狀態。

▼ 鮮奶加熱到人體溫度

鮮奶如果是冰冷的，麵糊就不容易凝
固；太熱則不容易形成3層。倒入耐
熱容器中，不蓋保鮮膜地用微波爐加
熱1分鐘左右，溫熱到約如人體肌膚
的程度。若是使用香草莢，可將其浸
泡在溫熱的鮮奶中萃取香氣，待要加
入麵糊時再將豆莢取出。

▼ 模型鋪上烘焙紙

因為麵糊比較稀的關係，為了避免漏
出，或是烤好時的形狀歪曲，烘焙紙
的鋪設非常重要。請參考P.10，配合
模型裁剪烘焙紙，在模型的內側塗抹
適量（分量外）的奶油，像要黏貼般
地鋪上烘焙紙。

▼ 烤箱預熱到150℃

倒入模型後，為了要趁麵糊裡的蛋白
霜尚未融塌時就儘速烘烤，請在製作
麵糊前就先以食譜中標明的溫度預熱
烤箱，確實地做好預熱作業。如果是
火力比較弱的烤箱，可將溫度設定提
高10℃左右。

基本魔法蛋糕的作法

不可思議的層次和口感，都是來自於作法中的小訣竅。請在開始前先確認
程序和重點。直到拌合2種麵糊為止，都要一鼓作氣儘快進行。

製作蛋白霜

泡沫是海綿層口感的關鍵。
要充分打發得輕盈鬆軟！

製作蛋黃麵糊

將材料均勻地攪拌混合，
芙朗層就會形成滑順的口感。

1

想要充分打發蛋白霜，一定要使用沒有髒污和水氣的器具。將蛋白、鹽放入攪拌盆中，用電動攪拌器高速打發。先將整體打成泡沫狀即可。

2

細砂糖約分成3次加入，用高速打發直到泡沫確實挺立。細砂糖要在打到尖角挺立前全部加入。

3

在另一個攪拌盆中放入蛋黃、1～2大匙鮮奶、細砂糖和香草油，像要將砂糖攪拌融化般地用電動攪拌器以低速攪打到顏色泛白為止。

Point

打到尖角挺立為止

用攪拌頭撈起蛋白霜，要呈現尖角挺立不會倒塌的狀態（硬性發泡）。如果過度打發，就會變得乾巴巴的，所以此時就要停止。

Point

攪拌到這樣的程度

攪拌到砂糖的顆粒感消失、整體泛白即可。如果蛋白霜已經先打好的話，攪拌頭不加清洗也沒關係。

電動攪拌器
的使用到此
為止

4

分2次加入已經融化的奶油,再次攪拌混合。每次加入時都要暫停攪拌器,以免飛濺。

5

將篩過的低筋麵粉全部加入,用低速充分攪拌,直到整體充分混合。

6

避免濺出地將剩餘的鮮奶一點一點地加入混合。待整體混合均勻後,就停止電動攪拌器。

Point

確實攪拌到完全均勻

充分攪拌混合,直到沒有粉末殘留,並且因為低筋麵粉的麩質而出現黏稠感為止。

Check!

查看蛋白霜的泡沫

拌好蛋黃麵糊後,在混合前要先確認蛋白霜的狀態。如果已經融塌了,就將攪拌頭洗淨,重新輕輕打發。

接下來是製作3層蛋糕的最後工程。
拌合後的麵糊，輕柔的泡沫會形成海綿層，卡士達液則形成滑嫩的芙朗層。
由於加熱火侯會依不同烤箱而異，所以剛開始時要慎重，
一邊觀察狀況一邊烘烤，掌握烘烤完成的時間。

倒入模型

2種原料的拌混方法和倒入模型的方式
就是決定口感的關鍵。

烘烤

利用烤盤來調節加熱的火候。
一定要查看烘烤的情況！

7

將蛋白霜加入蛋黃麵糊的攪拌盆中。使用打蛋器，好像要讓麵糊鑽入縫隙間般，有節奏地撈起、落下，輕輕混合6～7次。

8

在模型上方傾倒攪拌盆，用橡皮刮刀擋住泡沫，先讓下面流動的液體流入模型中，再倒入剩餘的麵糊，好像覆蓋上泡沫一般。

9

為了緩和火候加熱的方式，要先在底盤上重疊耐熱材質的烤盤或托盤等後，再放上模型。以約150℃（火力如果較弱，可以調高個10℃左右）的烤箱烤35～40分鐘。

Point

注意不要損壞泡沫！

這是製作美味層次的關鍵。在泡沫仍然輕盈蓬鬆的狀態時停手，再於倒入模型前先用打蛋器撫平表面。

Point

抹平表面

全部倒入模型後，用橡皮刮刀將表面的凹凸抹平。接下來只要進行烘烤即可。

放涼

最後就是放涼讓奶油層凝固成形。
完全放涼後即放進冰箱中。

10

用竹籤穿刺表面，如果沾附成形
的麵糊粒即可。再戴上隔熱手
套，用兩手慢慢搖晃模型，確認
麵糊是否有凝固成形的感覺。如
果仍有晃動感就表示尚未凝固，
請以每次5分鐘為單位地延長烘烤
時間。

11

烤好後連同模型放在架高的網架
上放涼。就這樣等到完全放涼
後，連同模型一起放進冰箱中，
冷藏2～3個小時。

12

冰涼後，用兩手抓著烘焙紙的邊
緣，從模型中拿出來。剛做好的
蛋糕建議儘快食用，更能享受獨
特的口感。

Point

覆蓋鋁箔紙

表面的顏色金黃漂亮，但下面的
麵糊還很稀時，請用鋁箔紙覆蓋
整個蛋糕後再繼續烘烤。這樣可
以預防表面烤焦。

完成了！

烘烤完成的檢查要點和祕訣也
可參考P.34的Q＆A喔！

Arrange 1

以基本原料
做出美味蛋糕！

不同模型&配料變化

即使是相同的原料，僅僅改變模型，就會呈現不同的風貌！
簡單的配料也能讓味道產生驚人的變化哦！

使用18cm圓模

大型魔法蛋糕

直徑18cm的圓模，是想要很多人熱鬧分享時恰恰好的大小。
要使用稍大一點的模型時，就可以應用下面以3顆蛋來製作的材料分量。

材料 圓模18cm（固定式）1個份

蛋白霜

蛋白……3顆份
鹽……1小撮
細砂糖（或上白糖）……30g

蛋黃麵糊

蛋黃……3顆
鮮奶……375g
細砂糖（或上白糖）……90g
無鹽奶油……90g
低筋麵粉……90g
香草油……少許（或是香草莢1/2根、香草膏3/4小匙 ⇒P.8）

準備和作法

1 和**基本魔法蛋糕的P.13～17**同樣進行準備並製作麵糊，
以約150℃的烤箱烤40～50分鐘。

2 查看烘烤的情況，烤好後充分放涼，連同模型一起放
進冰箱中冷藏2～3個小時。

Topping **撒上糖粉更顯美觀**

將糖粉放入濾茶器後過篩，即能呈現有
如白雪紛飛般的可愛氣氛。糖粉是一種
粉狀的砂糖，糕點用的糖粉質地輕盈而
不易溶化，非常推薦使用。

使用磅蛋糕模

魔法磅蛋糕

烘焙成四角形,斷面也很漂亮。因為熟得比較快,所以芙朗層也能確實地烤出厚度。
想要烤出漂亮的形狀,必須用奶油將烘焙紙緊貼在模型上(⇒P.10)。

材料 磅蛋糕模 18×8×高 5.5cm 1個份

蛋白霜

蛋白……1顆份
鹽……1小撮
細砂糖(或上白糖)……10g

蛋黃麵糊

蛋黃……1顆
鮮奶……125g
細砂糖(或上白糖)……30g
無鹽奶油……30g
低筋麵粉……30g
香草油……少許(或是香草莢1～2cm、
　　　　　香草膏1/4小匙 ⇒P.8)

準備和作法

1 和**基本魔法蛋糕的P.13～17**同樣進行準備並製作麵糊,
以約150℃的烤箱烤30～35分鐘。

2 查看烘烤的情況,烤好後充分放涼,連同模型一起放
進冰箱中冷藏2～3個小時。

Topping **淋上濃稠的草莓醬**

建議使用含有草莓果粒的果
醬。只要將果粒裝飾在蛋糕
上,就能變成豪華的草莓蛋
糕了!在盛產的時期,也可
以自己動手做簡單的草莓果
粒醬(⇒P.32)。

Life was
beautiful then.
i remember, the
time.I knew what
happiness was.l
et the memory
live again.

使用紙杯模

魔法杯子蛋糕

也可以變化成適合做為禮物
的杯子蛋糕。由於魔法蛋糕
的麵糊比較稀，為了避免烘
烤時流出來，一定要使用厚
實的堅固紙杯模來烘烤。完
成後可依喜好進行裝飾。

材料

紙杯模 直徑7.5×高3.5cm 6個份

蛋白霜
蛋白……1顆份
鹽……1小撮
細砂糖（或上白糖）……10g

蛋黃麵糊
蛋黃……1顆
鮮奶……125g
細砂糖（或上白糖）……30g
無鹽奶油……30g
低筋麵粉……30g
香草油……少許
　（或是香草莢1～2cm、
　　香草膏¼小匙 ⇒P.8）

準備和作法

1 紙杯模要準備較堅固的，以免
變形。和**基本魔法蛋糕**的P.13
～16同樣進行準備並製作麵糊，
用杓子舀入紙杯中，裝滿至杯
口（a）。

2 不使用烤盤，直接將保持間
隔地並排在底盤上。以約
150℃的烤箱烤20～25分鐘
（b）。

3 烤好後充分放涼。

Topping 　**用奶油妝點成五顏六色**

將在室溫下回溫的無鹽奶油100g混合50g的糖粉攪
拌，再加入1小匙鮮奶調整軟硬度。紅色是用覆盆子
粉（⇒P.60）、綠色則是用食用色素來著色，裝入
擠花袋後擠在蛋糕上。可依喜好裝飾糖珠。

20

魔法烤盅蛋糕

陶瓷烤盅的透熱方式較為溫和，所以烤熟後仍然能夠保持黏稠。如果使用小容器，因為麵糊的量比較少，難以形成層次，所以要使用稍大一點的烤盅來烤。加上棉花糖，讓烘烤顏色顯得焦黃美味。

材料

烤盅 直徑10×高6cm 4個份

蛋白霜
蛋白……1顆份
鹽……1小撮
細砂糖（或上白糖）……10g

蛋黃麵糊
蛋黃……1顆
鮮奶……125g
細砂糖（或上白糖）……30g
無鹽奶油……30g
低筋麵粉……30g
香草油……少許
　（或是香草莢1～2cm、
　　香草膏 1/4 小匙 ⇒P.8）

準備和作法

1 和**基本魔法蛋糕的P.13～16**同樣進行準備並製作麵糊，用杓子均等地舀入烤盅裡。

2 不使用烤盤，直接將 *1* 保持間隔地並排在底盤上，適量地放上做為配料的小棉花糖（a）。以約150℃的烤箱烤25～30分鐘（b）。

3 烤好後充分放涼。

Topping **焦香棉花糖**

烤盅蛋糕的配料推薦使用小棉花糖。一經烘烤，就會出現美麗的焦黃色，增添濃郁的甜味和香氣。即便剛出爐的也很好吃，不妨品嘗看看。

使用電子鍋

魔法 海綿蛋糕

只需按下開關即可！依機種而定，會形成濕潤的海綿層和軟嫩的芙朗層2種層次，來享受有點不一樣的口感吧！

材料 可煮5杯米的內鍋　1個份

蛋白霜

蛋白……3顆份
鹽……1小撮
細砂糖（或上白糖）……30g

蛋黃麵糊

蛋黃……3顆
鮮奶……375g
細砂糖（或上白糖）……90g
無鹽奶油……90g
低筋麵粉……90g
香草油……少許（或是香草莢½根、
　　　　　香草膏¾小匙 ⇒P.8）

準備和作法

1. 除去烤箱和模型的準備，和**基本魔法蛋糕**的P.13～16同樣進行麵糊製作，倒入內鍋中（a）。

2. 放入電子鍋裡，按下蛋糕模式或是一般的煮飯開關。

3. 煮好後，用竹籤檢查，如果麵糊還是稀的，就以快煮模式等再多煮個5～10分鐘左右（b）。

a

b

4. 待麵糊凝固成形後，取出內鍋；等完全放涼後，連同內鍋放進冰箱中冷藏2～3個小時。將盤子反蓋在蛋糕上，將內鍋倒過來，用手接住盤子，取出蛋糕。再將蛋糕翻回正面，加料裝飾。

Topping　**用巧克力醬華麗地裝飾**

也可以使用市面販售的巧克力醬。裝入自製的簡易擠花袋（⇒P.77）中，如畫線般快速流暢地擠出。再以覆盆子和薄荷葉裝飾，就能呈現出有如大師級蛋糕般的風格！

※有些電子鍋因為機種和性能的關係，可能無法用普通的煮飯模式來製作；使用IH壓力式電子鍋等時，
　也可能會出現開關無法按下之類不能使用的情形，因此請先詳閱電子鍋的使用說明書，確認是否可做煮飯以外的調理。

魔法蒸蛋糕

輕輕鬆鬆就能製作的當日點心就是
這個了。只要倒入紙杯模中，就算
使用平底鍋也能完成漂亮的蛋糕！
做成舒芙蕾風格，在乳酪融化時趁
熱享用也很好吃喔！

材料

紙杯模　直徑5×高3cm　6個份

蛋白霜

蛋白……1顆份

鹽……1小撮

細砂糖（或上白糖）……10g

蛋黃麵糊

蛋黃……1顆

鮮奶……125g

細砂糖（或上白糖）……30g

無鹽奶油……30g

低筋麵粉……30g

香草油……少許

　　（或是香草莢1～2cm、
　　　香草膏1/4小匙 ⇒P.8）

準備和作法

1 紙杯模要準備較堅固的，以免
變形。和**基本魔法蛋糕的P.13
～16**同樣進行準備並製作麵糊，
用杓子舀入紙杯中，裝滿至杯
口（a）。

2 並排放入平底鍋中，蓋上鍋蓋，
用極小火慢慢蒸烤20分鐘左右
（b）。

3 烤好後，適量放上做為配料的
乳酪絲，立刻蓋上鍋蓋，用餘
熱將乳酪絲融化。取出紙杯，
充分放涼（c）。

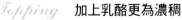

Topping　加上乳酪更為濃稠

只要撒上披薩用的乳酪絲即可。
切達乳酪等深色的乳酪看起來鮮
豔美觀，很推薦使用。可以品嘗
到乳酪的鹹味和蛋糕的甜味，也
很適合當成早餐或便當的點心。

※火力太強的話，可能會讓紙杯燒焦，也可能會損傷平底鍋的材質。請注意須以極小火來進行調理。

基本蛋糕 PLUS！

基本麵糊的各種變化

基本麵糊也能自由變化。藉由在模型底部和上方添加一些食材，讓口感變得更加美味！

基本魔法蛋糕　　＋　　餅乾

香脆的餅乾蛋糕

只是在底部鋪上乳酪蛋糕等常用的餅乾材料，就完成了4個層次的魔法蛋糕！
增加了餅乾屑的酥脆感和融化的奶油香，
雖然只是小小的變化，卻讓口感更為豐富。

材料　圓模15cm（固定式）1個份

蛋白霜

蛋白……2顆份
鹽……1小撮
細砂糖（或上白糖）……20g

蛋黃麵糊

蛋黃……2顆
鮮奶……250g
細砂糖（或上白糖）……60g
無鹽奶油……60g
低筋麵粉……60g
香草油……少許（或是香草莢¼根、
　　　　　　　香草膏½小匙 ⇒P.8）

基底材料

餅乾（市售品）……80g
無鹽奶油……40g

準備和作法

1 製作**基底材料**。將2個夾鍊袋重疊，裝入餅乾。用擀麵棍從袋子上方敲打，將餅乾打成細小的碎末。

2 奶油放入耐熱容器中，不蓋保鮮膜地用微波爐加熱約20秒，使其融化。

3 將餅乾放入攪拌盆中，加入融化的奶油，一邊以橡皮刮刀按壓，一邊充分攪拌，直到整體均勻混合為止。

4 在模型上鋪好烘焙紙（⇒P.10），放入*3*，用湯匙背進行按壓。將模型角落也確實地鋪好後，放入冰箱中冷藏。

5 和**基本魔法蛋糕**的P.13～17同樣進行準備並製作麵糊，倒入*4*的模型中，以約150℃的烤箱烤35～40分鐘。查看烘烤的情況，烤好後充分放涼，連同模型一起放進冰箱中冷藏2～3個小時。

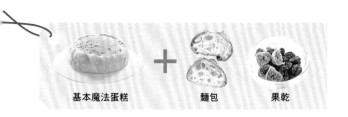

基本魔法蛋糕 ＋ 麵包 果乾

濕潤的麵包布丁風蛋糕

就算是用又乾又硬的麵包也沒關係。
加入蛋糕中,會和芙朗層相互融合,讓口感變得濕潤,也有助於增添香氣。
以無花果、蔓越莓等具有濃厚甜味的果乾來增添風味。

材料 圓模15cm(固定式)1個份

蛋白霜
蛋白……2顆份
鹽……1小撮
細砂糖（或上白糖）……20g

蛋黃麵糊
蛋黃……2顆
鮮奶……250g
細砂糖（或上白糖）……60g
無鹽奶油……60g
低筋麵粉……60g
香草油……少許（或是香草莢1/4根、
香草膏1/2小匙 ⇒P.8）

基底材料
細條的法國麵包……1cm厚的6～9片
（或是吐司1cm厚的1片）
喜歡的果乾……60g

準備和作法

1 鋪上**基底材料**。模型上鋪好烘焙紙（⇒P.10），放上麵包（如果是吐司，請切成6～8等分後鋪上），撒上果乾。

2 和**基本魔法蛋糕**的P.13～17同樣進行準備並製作麵糊，將麵糊一點一點地倒入*1*的模型中，直到浸過麵包的程度。

3 待麵包吸收麵糊的水分，變得濕潤後，和基本作法相同地倒入剩餘的麵糊，以約150℃的烤箱烤35～40分鐘。

4 查看烘烤的情況，烤好後充分放涼，連同模型一起放進冰箱中冷藏2～3個小時。

基本魔法蛋糕 ＋ 奶酥材料

酥鬆的奶酥蛋糕

將融合了杏仁粉和奶油、風味迷人的奶酥材料
加在烤好的魔法蛋糕上，再略微烘烤一下即可。
和卡士達風味的蛋糕非常搭配，酥鬆的口感也出奇美味！
奶酥也可以多做一些保存起來備用。

材料 圓模15cm（固定式）1個份

蛋白霜

蛋白……2顆份
鹽……1小撮
細砂糖（或上白糖）……20g

蛋黃麵糊

蛋黃……2顆
鮮奶……250g
細砂糖（或上白糖）……60g
無鹽奶油……60g
低筋麵粉……60g
香草油……少許（或是香草莢1/4根、
　　　　　　香草膏1/2小匙 ⇒P.8）

奶酥材料

低筋麵粉……20g
杏仁粉……20g
細砂糖（或上白糖）……15g
無鹽奶油（冷藏過的）……15g

※杏仁粉是無鹽的杏仁粉末，可在糕點材料行等處購得。
※將奶酥放入夾鏈袋中，冷藏可以保存4～5日，冷凍約可保存1個月。

準備和作法

1 製作**奶酥**。在攪拌盆中混合奶酥材料。一邊撒上粉
　類，一邊用手指捏碎奶油。

2 進一步將整體混合，一邊將奶油捏得更細，做成散粒
　狀。包上保鮮膜，先放入冰箱中冷藏。

3 和**基本魔法蛋糕**的P.13～17同樣進行準備並製作麵
　糊，倒入鋪好烘焙紙的模型中。以約150℃的烤箱先烤
　20分鐘。

4 從烤箱中取出（為了避免溫度下降，請關閉烤箱門），
　將奶酥放在蛋糕上，整體均勻地鋪開。再次放進烤箱
　中，烤20分鐘。

5 查看烘烤的情況，烤好後充分放涼，連同模型一起放
　進冰箱中冷藏2～3個小時。

改變基本蛋糕麵糊的材料

養生的米粉魔法蛋糕

魔法蛋糕不只能用麵粉製作，也能使用米粉製作。
如果將鮮奶改為豆漿、奶油改成橄欖油，吃起來會更健康。
米粉不須過篩，可以增加濕潤口感。
不用加入香草油，以橄欖油的香氣做出清爽風味。

材料 圓模 15 cm（固定式）1個份

蛋白霜
蛋白……2顆份
鹽……1小撮
細砂糖（或上白糖）……20g

蛋黃麵糊
蛋黃……2顆
米粉……60g
豆漿（無調整）……250g
純橄欖油（或是菜籽油、玄米油、葵花油等）……60g
細砂糖（或上白糖）……60g

裝飾材料
果乾、堅果蜂蜜麥片（依個人喜好）……適量

製作前的準備
▼ 豆漿用微波爐加熱1分鐘左右，溫熱到約如人體肌膚的程度。
▼ 模型上鋪好烘焙紙（⇒P.10）。
▼ 烤箱以150℃預熱。

作法

製作蛋白霜 **1** 將蛋白和鹽放入攪拌盆中，用電動攪拌器打發。一點一點地加入細砂糖，打發到尖角挺立（硬性發泡）為止。

製作蛋黃麵糊 **2** 在另外的攪拌盆中放入蛋黃、1～2大匙豆漿和細砂糖，用電動攪拌器攪拌至顏色泛白為止。

3 一點一點地加入橄欖油混合。加入米粉，充分攪拌到完全融合。

4 將剩餘的豆漿一點一點地加入混合。

倒入模型 **5** 將⁄的蛋白霜加入⁄中，用打蛋器輕輕攪拌6～7次，倒入模型中（⇒P.16）。表面用橡皮刮刀抹平。

烘烤 **6** 放在已經疊上烤盤的底盤上，以約150℃的烤箱烤35～40分鐘。

放涼 **7** 用竹籤穿刺表面，搖晃模型，麵糊如果已經凝固成形就是烤好了（⇒P.17）。充分放涼後，連同模型一起放進冰箱中冷藏2～3個小時。依個人喜好裝飾果乾或堅果蜂蜜麥片。

只要淋上就能變成喜愛的口味！
自己動手做淋醬

和基本魔法蛋糕的雞蛋風味非常搭配。
只要淋上醬汁，彷彿就像變成不同的蛋糕般，讓人百吃不膩。

※材料全都是容易製作的分量。砂糖皆使用上白糖。

大致的保存期限

所有的醬汁冷藏皆為1星期左右。
請裝入密封罐中保存。

熱呼呼的同樣香氣四溢
焦糖鮮奶油醬

材料和作法

1 不蓋保鮮膜地將鮮奶油50g用微波爐加熱約30秒。

2 小鍋中放入砂糖50g、水2大匙，開大火加熱。

3 熬煮到呈焦糖色後熄火，少量少量地加入1攪拌混合。

讓人驚豔的迷人香氣
檸檬奶香醬

材料和作法

1 將蛋黃1顆、砂糖20g放入攪拌盆中，用打蛋器研溶砂糖般地攪拌混合。

2 加入1小匙玉米粉混合，再加入1大匙的檸檬汁、磨碎的檸檬皮（無蠟）1顆份後充分攪拌混合。

3 將1/2杯的鮮奶放入小鍋中，開中火加熱。在即將沸騰前熄火，加入2中攪拌混合。

4 將3倒回鍋中，用小火熬煮到呈黏稠狀。

彷彿變身成草莓蛋糕
草莓果粒醬

材料和作法

1 草莓100g去蒂，對半縱切。

2 將1和砂糖50g、檸檬汁1小匙放入鍋中，開中火加熱。

3 出水後轉為小火，一邊撈除浮沫，熬煮5～6分鐘。

瀝去水分讓滋味溫和圓潤
優格醬

材料和作法

1 將過濾網架在攪拌盆上，鋪上紙巾。上面放入優格180g，放於冰箱中半天到一個晚上的時間，瀝乾水分（完成時約為80g）。

2 在洗過的攪拌盆中放入1和鮮奶1/4杯、砂糖2大匙，充分攪拌混合。

濃厚的風味讓人無法抗拒
芒果醬

材料和作法

1 鍋中放入切好的芒果100g（冷凍或新鮮皆可）和砂糖50g，加入檸檬汁1小匙，開中火加熱。

2 出水後轉為小火，一邊撈除浮沫，熬煮5～6分鐘。

酸味適中，清新爽口
奇異果醬

材料和作法

1 奇異果100g（約2顆）去皮，切成7mm厚的圓片後再粗略切塊。

2 鍋中放入和砂糖50g、檸檬汁1小匙，開中火加熱。

3 出水後轉為小火，一邊撈除浮沫，熬煮5～6分鐘。

風味超群。可選擇黑芝麻或白芝麻
芝麻醬

材料和作法

1 鍋中放入黑芝麻糊（或白芝麻糊）2大匙、砂糖2～3大匙（30g）、鹽1小撮和40ml的水。

2 開中火加熱，一邊攪拌，熬煮到呈黏稠狀。

大人小孩都喜愛
可爾必思奶油醬

材料和作法

1 攪拌盆中放入鮮奶油和鮮奶各1/4杯混合。

2 加入市售的可爾必思（濃縮原汁）2小匙，充分攪拌混合。

清爽的甜蜜滋味
黑糖醬

材料和作法

1 鍋中放入黑糖粉60g和60ml的水，開中火加熱。

2 一邊攪拌使其溶化，如有浮沫就撈除。熬煮到呈黏稠狀。

馬上變身成和風口味蛋糕
抹茶醬

材料和作法

1 鍋中放入抹茶1大匙（約10g）、砂糖80g和1/2杯的水。

2 開中火加熱，一邊攪拌，熬煮到呈黏稠狀。

Q 烤得恰到好處的大致標準是？

A 可以用3個方法來確認！

① 竹籤上沾附結塊

以竹籤刺入蛋糕的中心部（⇒P.17），沾附有蛋糕結塊的程度就是凝固成形的大致標準。如果沾附的是液體，就以每次5分鐘的時間延長烘烤，每次都要用竹籤做確認。

未烤熟
沾附麵糊液體

OK
沾附麵糊結塊

過熟
沒有沾附任何東西

② 搖晃模型，沒有液體晃動感

戴上粗布手套（2雙重疊）或是隔熱手套，用兩手拿起模型，前後左右慢慢搖晃看看。就算用竹籤試過已經OK了，但若搖晃時仍有液體晃動的感覺，就以5分鐘為單位延長烘烤時間。

③ 碰觸表面感覺有彈性

烤好大致放涼後，用手慢慢按壓表面看看，如果具有充分的彈性就沒問題；如果有柔軟往下沉的感覺，就表示中間還太稀了。請追加烘烤，查看情形。

Q 無法形成漂亮的3層……

A 主要可能有2個原因。

① 蛋白霜的發泡不足

蛋白霜太稀的話，海綿層就無法膨脹，層次也會不明顯。材料中的蛋白如果混到蛋黃，就無法充分打發（參照NG照片），這時就必須重做，打發到尖角挺立為止。

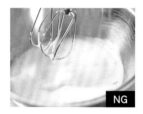
NG

OK

② 麵糊過度混合

將蛋白霜混合到蛋黃麵糊時，如果完全融合就是過度混合了（參照NG照片）。用打蛋器輕輕攪拌混合，在還殘留蛋白霜泡沫塊時就要停手（⇒P.16）。

NG

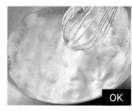
OK

Q 麵糊一直無法凝固成形！

A 將溫度提高10℃，延長烘烤時間。

烤箱的火力如果不夠，有時就算延長烘烤時間也可能無法凝固。可以將溫度提高10℃，再視情況，5分鐘5分鐘地延長烘烤時間。這時要覆蓋鋁箔紙進行防護（⇒P.17），以免只有表面烤焦了。

Q 為什麼要夾著烤盤烘烤？

A 這是為了要調整加熱不均的問題。

因為要用較低的溫度長時間烘烤蛋糕，為了避免只有底面熱的情況，所以要夾著烤盤等讓底部抬高。除了陶瓷烤盤之外，金屬托盤、可脫底的蛋糕模底部等，任何可以容納模型的耐熱材質板都可以。

Part 2

人氣風味的
魔法蛋糕

草莓、乳酪、巧克力、抹茶……
把大家都喜愛的風味蛋糕
變化成魔法蛋糕吧！
將材料混入麵糊中，或是做為配料加入，
就能從基本的魔法蛋糕搖身一變，
讓風味和色彩都更加豐富迷人。
一定能找到你喜愛的必吃新款。

滿滿的草莓！芙朗層也有甜美香氣！

草莓鮮奶油蛋糕

麵糊也加入草莓,變成了粉紅色。
充滿華麗感,非常適合用來招待訪客。

材料 圓模15cm(固定式)1個份

蛋白霜

蛋白……2顆份
鹽……1小撮
細砂糖(或上白糖)……20g

蛋黃麵糊

蛋黃……2顆
鮮奶……125g
水……125g
細砂糖(或上白糖)……60g
無鹽奶油……60g
低筋麵粉……50g
草莓(或是市售的草莓醬)……50g
草莓粉(⇒P.60)……10g
食用色素・紅色……少許

裝飾材料

鮮奶油……100ml
細砂糖(或上白糖)……10g
草莓、藍莓、薄荷葉……各適量

製作前的準備

 低筋麵粉和草莓粉一起過篩。

 奶油隔水加熱融化,保持在溫熱狀態。

 草莓用叉子壓碎(或是用菜刀拍碎)成泥狀。

 鮮奶用微波爐加熱1分鐘左右,溫熱到約如人體肌膚的程度。

 模型上鋪好烘焙紙(⇒P.10)。

 烤箱以150℃預熱。

Memo

・由於麵糊中混有草莓,火候會較難穿透,因此要以35分鐘為基準,查看狀態,烤到竹籤上沾附的是麵糊結塊,搖晃模型時也有凝固成形的感覺為止。

・草莓粉會大幅提升香氣。如果沒有的話,就增加10g的低筋麵粉來製作。

・為了烤出漂亮的粉紅色,也可以加入少量的紅色食用色素。

作法

製作蛋白霜 *1* 將蛋白和鹽放入攪拌盆中,用電動攪拌器打發。一點一點地加入細砂糖,打發到尖角挺立(硬性發泡)為止。

製作蛋黃麵糊 *2* 在另外的攪拌盆中放入蛋黃、1~2大匙鮮奶和細砂糖,用電動攪拌器攪拌至顏色泛白為止。

3 一點一點地加入融化的奶油混合。加入篩過的低筋麵粉和**草莓粉**,充分攪拌到完全融合。

4 加入**草莓泥和食用色素**,將剩餘的鮮奶一點一點地加入混合。

倒入模型 *5* 將*1*的蛋白霜加入*4*中,用打蛋器輕輕攪拌6~7次,倒入模型中(⇒P.16)。表面用橡皮刮刀抹平。

烘烤 *6* 放在已經疊上烤盤的底盤上,以約150℃的烤箱烤35~40分鐘。

放涼 *7* 用竹籤穿刺表面,搖晃模型,麵糊如果已經凝固成形就是烤好了(⇒P.17)。充分放涼後,連同模型一起放進冰箱中冷藏2~3個小時。

裝飾 *8* 在攪拌盆中放入鮮奶油和細砂糖,下面墊一盆冰水,用電動攪拌器打到八分發(⇒P.73)。

9 將蛋糕脫模後放在盤子上,盛上*8*後用湯匙抹開。以草莓和藍莓、薄荷葉做裝飾。

乳酪的濃郁滋味會輕柔地在口中化開！

乳酪蛋糕

能夠一次品嘗到口感紮實的紐約風乳酪蛋糕
和輕柔的乳酪舒芙蕾的,就是魔法蛋糕了!

材料 圓模15cm(固定式)1個份

蛋白霜

蛋白……2顆份
鹽……1小撮
細砂糖(或上白糖)……20g

蛋黃麵糊

蛋黃……2顆
鮮奶……170g
細砂糖(或上白糖)……60g
低筋麵粉……25g
奶油乳酪……150g
玉米粉(或日本太白粉)……25g
檸檬汁……1大匙

製作前的準備

▼ 低筋麵粉和玉米粉一起過篩。
▼ 奶油乳酪在室溫下回溫,拌成柔軟的糊狀。

▼ 鮮奶用微波爐加熱1分鐘左右,溫熱到約如人體肌膚
的程度。
▼ 模型上鋪好烘焙紙(⇒P.10)。
▼ 烤箱以150℃預熱。

作法

製作蛋白霜 **1** 將蛋白和鹽放入攪拌盆中,用電動攪拌器
打發。一點一點地加入細砂糖,打發到尖
角挺立(硬性發泡)為止。

製作
蛋黃麵糊 **2** 在另外的攪拌盆中放入蛋黃、1～2大匙
鮮奶和細砂糖,用電動攪拌器攪拌至顏色
泛白為止。

3 加入糊狀的**奶油乳酪**,攪拌至變得滑順為
止。加入**篩過的低筋麵粉和玉米粉**,充分
攪拌到完全融合。

4 加入**檸檬汁**,將剩餘的鮮奶一點一點地加
入混合。

倒入模型 **5** 將 *1* 的蛋白霜加入 *4* 中,用打蛋器輕輕攪
拌6～7次,倒入模型中(⇒P.16)。表
面用橡皮刮刀抹平。

烘烤 **6** 放在已經疊上烤盤的底盤上,以約150℃
的烤箱烤35～40分鐘。

放涼 **7** 用竹籤穿刺表面,搖晃模型,麵糊如果已
經凝固成形就是烤好了(⇒P.17)。充
分放涼後,連同模型一起放進冰箱中冷藏
2～3個小時。

Memo

· 由於奶油乳酪比較重,所以下面的芙朗層會稍厚
一些。雖然比較難以形成奶油層,但還是可以藉由
海綿層和芙朗層品嘗到口感不同的乳酪蛋糕。

· 加入玉米粉,海綿層的口感就會變得蓬鬆輕柔,
呈現出舒芙蕾風格。

抹茶紅豆蛋糕

藉由微苦的抹茶，品嘗濃郁的和風口味。
紅豆粒會沉在下面，讓芙朗層呈現出外郎糕般的風格！

材料 方模15cm（固定式）1個份

蛋白霜

蛋白……2顆份
鹽……1小撮
細砂糖（或上白糖）……20g

蛋黃麵糊

蛋黃……2顆
鮮奶……250g
細砂糖（或上白糖）……60g
無鹽奶油……60g
低筋麵粉……55g
抹茶粉……5g
水煮紅豆（罐頭）……80g

製作前的準備

▼ 低筋麵粉和抹茶粉一起過篩。
▼ 奶油隔水加熱融化，保持在溫熱狀態。

▼ 鮮奶用微波爐加熱1分鐘左右，溫熱到約如人體肌膚
　的程度。
▼ 模型上鋪好烘焙紙（⇒P.10）。

▼ 烤箱以150℃預熱。

作法

製作蛋白霜 **1** 將蛋白和鹽放入攪拌盆中，用電動攪拌器打發。一點一點地加入細砂糖，打發到尖角挺立（硬性發泡）為止。

製作蛋黃麵糊 **2** 在另外的攪拌盆中放入蛋黃、1～2大匙鮮奶和細砂糖，用電動攪拌器攪拌至顏色泛白為止。

3 一點一點地加入融化的奶油混合。加入**篩過的低筋麵粉和抹茶粉**，充分攪拌到完全融合。

4 將剩餘的鮮奶一點一點地加入混合，**水煮紅豆**也加入混合。

倒入模型 **5** 將 *1* 的蛋白霜加入 *4* 中，用打蛋器輕輕攪拌6～7次，倒入模型中（⇒P.16）。表面用橡皮刮刀抹平。

烘烤 **6** 放在已經疊上烤盤的底盤上，以約150℃的烤箱烤35～40分鐘。

放涼 **7** 用竹籤穿刺表面，搖晃模型，麵糊如果已經凝固成形就是烤好了（⇒P.17）。充分放涼後，連同模型一起放進冰箱中冷藏2～3個小時。

Memo

· 蛋黃麵糊中加入抹茶，蛋白霜的泡沫就會變得容易消失。請迅速地輕輕攪拌混合。
· 也可以使用一般的抹茶。但使用糕點烘焙用的抹茶粉，就算加熱時間較長也不易變色，可以讓蛋糕的綠色保持得更漂亮。

巧克力蛋糕

加入大量的巧克力，讓口感濕潤＆濃稠。
也推薦使用烤盅來烘烤。

材料 圓模15cm（固定式）1顆份

蛋白霜
蛋白……2顆份
鹽……1小撮
細砂糖（或上白糖）……20g

蛋黃麵糊
蛋黃……2顆
鮮奶……200g
細砂糖（或上白糖）……60g
無鹽奶油……60g
低筋麵粉……60g
純苦巧克力……100g
蘭姆酒（或是白蘭地）
　　……1大匙

製作前的準備

▼ 低筋麵粉過篩。
▼ 巧克力切碎，和奶油一起放進小鍋中隔水加熱融化，
　保持在溫熱狀態。

▼ 鮮奶用微波爐加熱1分鐘左右，溫熱到約如人體肌膚
　的程度。
▼ 模型上鋪好烘焙紙（⇒P.10）。
▼ 烤箱以150℃預熱。

作法

製作蛋白霜 *1* 將蛋白和鹽放入攪拌盆中，用電動攪拌器
打發。一點一點地加入細砂糖，打發到尖
角挺立（硬性發泡）為止。

製作蛋黃麵糊 *2* 在另外的攪拌盆中放入蛋黃、1～2大匙
鮮奶和細砂糖，用電動攪拌器攪拌至顏色
泛白為止。

3 一點一點地加入**融化的奶油和巧克力**混
合。加入篩過的低筋麵粉，充分攪拌到完
全融合。

4 加入**蘭姆酒**，將剩餘的鮮奶一點一點地加
入混合。

倒入模型 *5* 將*1*的蛋白霜加入*4*中，用打蛋器輕輕攪
拌6～7次，倒入模型中（⇒P.16）。表
面用橡皮刮刀抹平。

烘烤 *6* 放在已經疊上烤盤的底盤上，以約150℃
的烤箱烤40～50分鐘。

製作蛋白霜 *7* 用竹籤穿刺表面，搖晃模型，麵糊如果已
經凝固成形就是烤好了（⇒P.17）。充
分放涼後，連同模型一起放進冰箱中冷藏
2～3個小時。依個人喜好，以濾茶器篩
上適量的糖粉，進行最後的裝飾。

Memo

・巧克力使用糕點烘焙用的巧克力鈕釦比較容易融
　化。只要是純苦巧克力，市面販售的巧克力磚也
　可以使用。
・牛奶巧克力太甜了，並不適合。建議使用可可含
　量55～65%、有適度苦味的巧克力。
・完成的裝飾除了糖粉外，也可以撒上削刮下來的
　巧克力屑（⇒P.79）。

焦糖風味的蘋果好吃極了！

蘋果肉桂蛋糕

酸酸甜甜的奶油煎蘋果和肉桂的香氣非常搭配。
芙朗層中又香又酥的核桃口感是一大驚喜。

材料 圓模 15cm（固定式）1個份

蛋白霜

蛋白……2顆份
鹽……1小撮
細砂糖（或上白糖）……20g

蛋黃麵糊

蛋黃……2顆
鮮奶……200g
細砂糖（或上白糖）……60g
無鹽奶油……60g
低筋麵粉……60g
肉桂粉……1小匙

配料

核桃……20g
蘋果……1/2顆份
無鹽奶油……20g
細砂糖……50g

製作前的準備

▼ 低筋麵粉過篩。
▼ 烤箱以150℃預熱。
▼ 核桃用150℃的烤箱烤10分鐘
（a）。稍微放涼後，大略切
碎。
▼ 蘋果切成月牙形後，再切成薄
片。
▼ 平底鍋中放入奶油，開中火使
其融化，加入蘋果片和細砂
糖，炒到蘋果軟化變成褐色
（b）為止。
▼ 模型上鋪好烘焙紙
（⇒P.10），再放上烤過的核
桃和以餐巾紙拭乾水氣的奶油
煎蘋果（c）。
▼ 奶油隔水加熱融化，保持在溫
熱狀態。
▼ 鮮奶用微波爐加熱1分鐘左右，
溫熱到約如人體肌膚的程度。

a

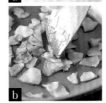
b

c

作法

製作蛋白霜 1 將蛋白和鹽放入攪拌盆中，用電動攪拌器
打發。一點一點地加入細砂糖，打發到尖
角挺立（硬性發泡）為止。

**製作
蛋黃麵糊** 2 在另外的攪拌盆中放入蛋黃、1～2大匙
鮮奶和細砂糖，用電動攪拌器攪拌至顏色
泛白為止。

3 一點一點地加入融化的奶油混合。加入篩
過的低筋麵粉，充分攪拌到完全融合。

4 加入**肉桂粉**，將剩餘的鮮奶一點一點地加
入混合。

倒入模型 5 將1的蛋白霜加入4中，用打蛋器輕輕攪
拌6～7次，慢慢倒入**鋪好核桃和奶油煎
蘋果的模型**中（⇒P.16）。表面用橡皮
刮刀抹平。

烘烤 6 放在已經疊上烤盤的底盤上，以約150℃
的烤箱烤40～50分鐘。

放涼 7 用竹籤穿刺表面，搖晃模型，麵糊如果已
經凝固成形就是烤好了（⇒P.17）。充
分放涼後，連同模型一起放進冰箱中冷藏
2～3個小時。依個人喜好，撒上適量混
合的肉桂粉和糖粉。

Memo

·蘋果要盡量切成薄片。這樣比較容易透
熱，才能盡快烤熟。
·烤要要提前預熱烘烤核桃。也可以用平
底鍋乾炒。

香蕉蛋糕

在香蕉濃郁的甘甜中添加肉桂和肉豆蔻。
奶油層和芙朗層都因為香蕉而呈現圓潤柔和的味道。

材料 方模15cm（固定式）1個份

蛋白霜

蛋白……2顆份
鹽……1小撮
細砂糖（或上白糖）……20g

蛋黃麵糊

蛋黃……2顆
鮮奶……250g
細砂糖（或上白糖）……60g
無鹽奶油……60g
低筋麵粉……60g
香蕉……1根（100g）
肉桂粉……1/2小匙
肉豆蔻粉……1/4小匙

裝飾材料

香蕉（切圓片）……1根份

製作前的準備

▼ 低筋麵粉過篩。

▼ 奶油隔水加熱融化，保持在溫熱狀態。

▼ 要混入麵糊中的香蕉先用叉子粗略壓成泥。

▼ 鮮奶用微波爐加熱1分鐘左右，溫熱到約如人體肌膚
　 的程度。

▼ 模型上鋪好烘焙紙（⇒P.10）。

▼ 烤箱以150℃預熱。

作法

製作蛋白霜
1 將蛋白和鹽放入攪拌盆中，用電動攪拌器
打發。一點一點地加入細砂糖，打發到尖
角挺立（硬性發泡）為止。

製作蛋黃麵糊
2 在另外的攪拌盆中放入蛋黃、1～2大匙
鮮奶和細砂糖，用電動攪拌器攪拌至顏色
泛白為止。

3 一點一點地加入融化的奶油混合。加入**香
蕉泥**混合後，再加入篩過的低筋麵粉，充
分攪拌到完全融合。

4 加入**肉桂粉和肉豆蔻粉**，將剩餘的鮮奶一
點一點地加入混合。

倒入模型
5 將1的蛋白霜加入4中，用打蛋器輕輕攪
拌6～7次，倒入模型中（⇒P.16）。表
面用橡皮刮刀抹平。

烘烤
6 放在已經疊上烤盤的底盤上，以約150℃
的烤箱烤35～40分鐘。

放涼
7 用竹籤穿刺表面，搖晃模型，麵糊如果已
經凝固成形就是烤好了（⇒P.17）。充
分放涼後，連同模型一起放進冰箱中冷藏
2～3個小時。最後再以香蕉圓片做裝
飾。

Memo

· 混入麵糊中的香蕉以外皮已經變黑的為最佳。
可以做出香甜濃郁的美味蛋糕。

· 香料可依個人喜好改變。變換成丁香、香草油、蘭
姆酒等也很好吃。

美國櫻桃的克拉芙緹風蛋糕

加入鮮奶油，使用能讓熱度溫和傳導的耐熱容器來烘烤，
口感就會變得濕潤。請直接用湯匙舀起來享用吧！

材料 18×18×5cm的耐熱容器 1個份

蛋白霜

蛋白……2顆份
鹽……1小撮
細砂糖（或上白糖）……20g

蛋黃麵糊

蛋黃……2顆
鮮奶……100g
細砂糖（或上白糖）……60g
無鹽奶油……60g
低筋麵粉……60g
鮮奶油……150g
櫻桃酒（依個人喜好）……2小匙

配料

美國櫻桃（罐頭或新鮮皆可）
……100g

製作前的準備

▼ 低筋麵粉過篩。

▼ 奶油隔水加熱融化，保持在溫熱狀態。

▼ 鮮奶用微波爐加熱1分鐘左右，溫熱到約如人體肌膚
的程度。

▼ 美國櫻桃用紙巾拭乾水氣。如果是新鮮櫻桃，要先對
半切開後去籽。

▼ 在耐熱容器中排好拭乾水氣的美國櫻桃。

▼ 烤箱以150℃預熱。

Memo

· 在美國櫻桃上市的季節裡，請務必使用新鮮的櫻
桃。這樣更能享受到櫻桃的香氣和色彩。

· 除了耐熱玻璃容器之外，也可以使用陶製的焗烤
器皿。請不時查看烘烤情況，烘烤時間要比金屬
模型稍久一點。

· 加入用櫻桃製作的櫻桃酒可大幅增加香氣，非常
推薦使用。

作法

製作蛋白霜 1 將蛋白和鹽放入攪拌盆中，用電動攪拌器
打發。一點一點地加入細砂糖，打發到尖
角挺立（硬性發泡）為止。

製作蛋黃麵糊 2 在另外的攪拌盆中放入蛋黃、1～2大匙
鮮奶和細砂糖，用電動攪拌器攪拌至顏色
泛白為止。

3 一點一點地加入融化的奶油混合。加入篩
過的低筋麵粉，充分攪拌到完全融合。

4 將剩餘的鮮奶和**鮮奶油**一點一點地加入混
合，再加入**櫻桃酒**混合。

倒入模型 5 將1的蛋白霜加入4中，用打蛋器輕輕攪
拌6～7次，慢慢倒入**排好美國櫻桃的耐
熱容器**中（⇒P.16）。表面用橡皮刮刀
抹平。

烘烤 6 放在已經疊上烤盤的底盤上，以約150℃
的烤箱烤40～50分鐘。

放涼 7 用竹籤穿刺表面，搖晃模型，麵糊如果已
經凝固成形就是烤好了（⇒P.17）。充
分放涼後，連同模型一起放進冰箱中冷藏
2～3個小時。

酥酥脆脆的椰子香氣四溢

50

椰子鳳梨蛋糕

加入香香甜甜的椰漿，呈現出熱帶風味。
滿滿都是鳳梨的芙朗層也非常美味！

材料 圓模 15 cm（固定式）1個份

蛋白霜

蛋白……2顆份
鹽……1小撮
細砂糖（或上白糖）……20g

蛋黃麵糊

蛋黃……2顆
細砂糖（或上白糖）……60g
無鹽奶油……60g
低筋麵粉……60g
椰漿（罐頭）……250g

配料

鳳梨（罐頭）……80g
乾燥椰絲……10g

製作前的準備

 低筋麵粉過篩。
▼ 奶油隔水加熱融化，保持在溫熱狀態。
▼ 椰漿用微波爐加熱1分鐘左右，溫熱到約如人體肌膚
　的程度。
▼ 鳳梨用紙巾拭乾水氣，切成1cm寬。
▼ 模型上鋪好烘焙紙（⇒P.10），排上切好的鳳梨。

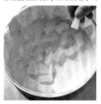

▼ 烤箱以150℃預熱。

作法

製作蛋白霜 **1** 將蛋白和鹽放入攪拌盆中，用電動攪拌器打發。一點一點地加入細砂糖，打發到尖角挺立（硬性發泡）為止。

製作蛋黃麵糊 **2** 在另外的攪拌盆中放入蛋黃、1～2大匙椰漿和細砂糖，用電動攪拌器攪拌至顏色泛白為止。

3 一點一點地加入融化的奶油混合。加入篩過的低筋麵粉，充分攪拌到完全融合。

4 將剩餘的椰漿一點一點地加入混合。

倒入模型 **5** 將1的蛋白霜加入4中，用打蛋器輕輕攪拌6～7次，倒入排好鳳梨的模型中（⇒P.16）。表面用橡皮刮刀抹平，撒上乾燥椰絲。

烘烤 **6** 放在已經疊上烤盤的底盤上，以約150℃的烤箱烤40～50分鐘。

放涼 **7** 用竹籤穿刺表面，搖晃模型，麵糊如果已經凝固成形就是烤好了（⇒P.17）。充分放涼後，連同模型一起放進冰箱中冷藏2～3個小時。

Memo

· 比起新鮮的鳳梨，罐頭鳳梨較不容易出水，能順
　利地烘烤完成。
· 乾燥椰絲一出現烘烤色，就要確認情況，避免烤
　焦地蓋上鋁箔紙，烤到麵糊成形為止。

栗子蛋糕

使用栗子膏和甘栗，用小烤盅就能輕鬆烘烤。
如舒芙蕾般鬆軟的蛋糕，剛出爐的也很美味喔！

材料 烤盅 直徑10×高6cm 4個份

蛋白霜
蛋白⋯⋯1顆份
鹽⋯⋯1小撮
細砂糖（或上白糖）⋯⋯10g

蛋黃麵糊
蛋黃⋯⋯1顆
鮮奶⋯⋯110g
細砂糖（或上白糖）⋯⋯5g
無鹽奶油⋯⋯30g
低筋麵粉⋯⋯30g
栗子膏⋯⋯30g

配料
甘栗（去皮）⋯⋯30g

裝飾材料
鮮奶油⋯⋯100ml
栗子膏⋯⋯25g
甘栗（去皮）⋯⋯4粒

製作前的準備

▼ 低筋麵粉過篩。
▼ 奶油隔水加熱融化，保持在溫熱狀態。
▼ 鮮奶用微波爐加熱1分鐘左右，溫熱到約如人體肌膚的程度。
▼ 配料用的甘栗粗略切碎，撒到烤盅裡。

▼ 烤箱以150℃預熱。

Memo

· 較小的烤盅比較快透熱，請注意不要烤過頭了。
· 栗子膏是將蒸過的栗子搗成泥後添加甜味的糕點用材料。只要攪拌混合就能享受到栗子原本的風味。

作法

製作蛋白霜 1 將蛋白和鹽放入攪拌盆中，用電動攪拌器打發。一點一點地加入細砂糖，打發到尖角挺立（硬性發泡）為止。

製作蛋黃麵糊 2 在另外的攪拌盆中放入蛋黃、1～2大匙鮮奶和細砂糖，用電動攪拌器攪拌至顏色泛白為止。

3 一點一點地加入融化的奶油混合。加入篩過的低筋麵粉混合，再加入**栗子膏**充分攪拌到完全融合。

4 將剩餘的鮮奶一點一點地加入混合。

倒入模型 5 將_1_的蛋白霜加入_4_中，用打蛋器輕輕攪拌6～7次，慢慢倒入**撒上甘栗的烤盅**裡（⇒P.16）。表面用橡皮刮刀抹平。

烘烤 6 放在底盤上，以約150℃的烤箱烤25分鐘。

放涼 7 用竹籤穿刺表面，搖晃模型，麵糊如果已經凝固成形就是烤好了（⇒P.17）。充分放涼後，連同模型一起放進冰箱中冷藏1個小時左右。

裝飾 8 在攪拌盆中放入鮮奶油，下面墊一盆冰水，用電動攪拌器打到八分發（⇒P.73）。拌入栗子膏混合均勻。

9 將_8_裝入套好蒙布朗形花嘴（⇒P.9）的擠花袋中，畫圓般地擠在蛋糕上，以甘栗做裝飾。

柳橙可可蛋糕

比巧克力蛋糕更容易烘製,清爽的輕口味。
麵糊也可以用柳橙皮添加風味。

材料 圓模15cm(固定式)1個份

蛋白霜

蛋白……2顆份
鹽……1小撮
細砂糖(或上白糖)……20g

蛋黃麵糊

蛋黃……2顆
鮮奶……250g
細砂糖(或上白糖)……60g
無鹽奶油……60g
低筋麵粉……35g
可可粉……20g
柳橙皮(太大的需切碎)……50g
君度橙酒(依個人喜好)……1人匙

裝飾材料

柳橙……1顆

製作前的準備

 低筋麵粉和可可粉一起過篩。

▼ 柳橙將皮充分洗淨,連皮切成厚約5mm的薄片。

▼ 模型上鋪好烘焙紙(⇒P.10),留下1片裝飾用的柳
橙,其餘的貼附在模型內側的側面上。

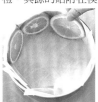

▼ 奶油隔水加熱融化,保持在溫熱狀態。

▼ 鮮奶用微波爐加熱1分鐘左右,溫熱到約如人體肌膚
的程度。

▼ 烤箱以150℃預熱。

Memo

· 使用無糖的可可粉。
· 盡量使用國產的無農藥柳橙。也推薦使用伊予柑。
· 使用帶有柳橙香氣的君度橙酒,更增香氣。

作法

製作蛋白霜 ▶ *1* 將蛋白和鹽放入攪拌盆中,用電動攪拌器
打發。一點一點地加入細砂糖,打發到尖
角挺立(硬性發泡)為止。

**製作
蛋黃麵糊** ▶ *2* 在另外的攪拌盆中放入蛋黃、1～2大匙
鮮奶和細砂糖,用電動攪拌器攪拌至顏色
泛白為止。

3 一點一點地加入融化的奶油混合。加入**篩
過的低筋麵粉和可可粉**混合,再加入**柳橙
皮**充分攪拌到完全融合。

4 加入**君度橙酒**,將剩餘的鮮奶一點一點地
加入混合。

倒入模型 ▶ *5* 將 *1* 的蛋白霜加入 *4* 中,慢慢倒入**貼好柳
橙片的模型**中(⇒P.16)。表面用橡皮
刮刀抹平。

烘烤 ▶ *6* 放在已經疊上烤盤的底盤上,以約150℃
的烤箱烤40～50分鐘。

放涼 ▶ *7* 用竹籤穿刺表面,搖晃模型,麵糊如果已
經凝固成形就是烤好了(⇒P.17)。充
分放涼後,連同模型一起放進冰箱中冷藏
2～3個小時。將留下來做裝飾的柳橙片
畫開一刀後,加以扭擰進行裝飾。

在口中融化的濃郁甜美滋味

綜合莓果白巧克力蛋糕

融合在芙朗層中的酸甜莓果
和白巧克力的濃郁香甜非常對味。

材料 圓模 15cm（固定式）1個份

蛋白霜
蛋白……2顆份
鹽……1小撮
細砂糖（或上白糖）……20g

蛋黃麵糊
蛋黃……2顆
鮮奶……250g
細砂糖（或上白糖）……20g
無鹽奶油……50g
低筋麵粉……60g
白巧克力……80g

加料
綜合莓果（冷凍）……80g

製作前的準備

▼ 低筋麵粉過篩。

▼ 奶油隔水加熱融化，保持在溫熱狀態。

▼ 小鍋中放入鮮奶，開中火加熱，溫熱到約如人體肌膚的程度。加入白巧克力（如果是巧克力磚須先切碎），攪拌溶化（a）。

▼ 綜合莓果夾在紙巾中解凍，確實拭乾水氣。

▼ 模型上鋪好烘焙紙（⇒P.10），排上綜合莓果（b）。

▼ 烤箱以150℃預熱。

作法

製作蛋白霜 1 將蛋白和鹽放入攪拌盆中，用電動攪拌器打發。一點一點地加入細砂糖，打發到尖角挺立（硬性發泡）為止。

製作蛋黃麵糊 2 在另外的攪拌盆中放入蛋黃、1～2大匙**已溶入巧克力的鮮奶**和細砂糖，用電動攪拌器攪拌至顏色泛白為止。

3 一點一點地加入融化的奶油混合。加入篩過的低筋麵粉，充分攪拌到完全融合。

4 將**剩餘的巧克力鮮奶**一點一點地加入混合。

倒入模型 5 將1的蛋白霜加入4中，用打蛋器輕輕攪拌6～7次，慢慢倒入**排好綜合莓果的模型**中（⇒P.16）。表面用橡皮刮刀抹平。

烘烤 6 放在已經疊上烤盤的底盤上，以約150℃的烤箱烤40～50分鐘。

放涼 7 用竹籤穿刺表面，搖晃模型，麵糊如果已經凝固成形就是烤好了（⇒P.17）。充分放涼後，連同模型一起放進冰箱中冷藏2～3個小時。

Memo

· 白巧克力建議使用能直接溶化的糕點烘焙用巧克力鈕釦。也可以使用市售的巧克力磚。

· 冷凍莓果解凍後，要充分拭乾水氣。也可以用新鮮的覆盆子或藍莓來製作。

馥郁的焦糖香是令人懷念的味道

布丁蛋糕

在模型底部加入微苦的焦糖。
倒扣後，焦糖就變成在上面，形成軟嫩濃稠的布丁風！

材料 圓模 15 cm（固定式）1個份

蛋白霜

蛋白……2顆份

鹽……1小撮

細砂糖（或上白糖）……20g

蛋黃麵糊

蛋黃……2顆

鮮奶……125g

細砂糖（或上白糖）……60g

無鹽奶油……60g

低筋麵粉……60g

鮮奶油……125g

香草莢……1/4根

（或是香草膏1/2小匙）

焦糖

細砂糖……60g

水……1小匙

製作前的準備

▼ 模型上鋪好烘焙紙（⇒P.10）。

▼ 製作焦糖。鍋中放入細砂糖和水，開中火加熱。煮沸後一開始出現顏色就要搖晃鍋子，讓顏色和味道均勻；待整體變成焦糖色後即熄火。趁熱馬上倒入模型中，遍佈整個底部。

▼ 低筋麵粉過篩。

▼ 奶油隔水加熱融化，保持在溫熱狀態。

▼ 鮮奶中放入香草莢，用微波爐加熱1分鐘左右，溫熱到約如人體肌膚的程度。要加進麵糊時再將香草莢取出。

▼ 烤箱以150℃預熱。

作法

製作蛋白霜 *1* 將蛋白和鹽放入攪拌盆中，用電動攪拌器打發。一點一點地加入細砂糖，打發到尖角挺立（硬性發泡）為止。

製作蛋黃麵糊 *2* 在另外的攪拌盆中放入蛋黃、1～2大匙鮮奶和細砂糖，用電動攪拌器攪拌至顏色泛白為止。

3 一點一點地加入融化的奶油攪拌混合。加入篩過的低筋麵粉，充分攪拌到完全融合。

4 將剩餘的鮮奶和**鮮奶油**一點一點地加入混合。

倒入模型 *5* 將1的蛋白霜加入4中，用打蛋器輕輕攪拌6～7次，慢慢倒入**已鋪好焦糖的模型**中（⇒P.16）。表面用橡皮刮刀抹平。

烘烤 *6* 放在已經疊上烤盤的底盤上，以約150℃的烤箱烤40～50分鐘。

放涼 *7* 用竹籤穿刺表面，搖晃模型，麵糊如果已經凝固成形就是烤好了（⇒P.17）。直接在室溫下完全放涼後，倒扣在稍大一點的盤子上，脫模後放進冰箱中冷藏1～2個小時。

Memo

· 製作焦糖時，一變成淡褐色後很快就會焦掉，所以視線不可離開。

· 使用香草莢或是香草膏，風味絕對會更好。萬一沒有時，也可以加入少許的香草油來代替。

· 如果連同模型一起放進冰箱冷藏的話，焦糖會凝固而容易裂開。在室溫下確實放涼，放上盤子倒扣時，要注意避免焦糖液灑出來。

只要混合在麵糊中即可
方便的風味材料

只要混入基本麵糊或鮮奶油中，就能增添風味和顏色，
推薦給想要輕鬆製作的人！主要皆可在糕點材料行購得。

※▼為要加入麵糊時的使用方法和使用食譜。

大致的混合用量

要加入用2顆蛋製作的基本魔法蛋糕（P.13～）的蛋黃麵糊時，大致的用量標準為：粉末10～15g，泥狀的則為80g，視情況增減。這時，要將香草油從材料中剔除。

/ 小朋友的最愛！ \

草莓粉

將草莓冷凍乾燥後做成的粉末。連同新鮮草莓一起使用，香氣絕對更上一層樓。混合在打發的鮮奶油中，會呈現出淡粉紅色。

▼ 草莓鮮奶油蛋糕⇒P.36

/ 變成香氣迷人的 \
 和風蛋糕

艾草粉

日式糕點的草餅等使用的乾燥艾草粉末。有清爽的香氣，混合在麵糊中會呈現淡綠色。加入水煮紅豆也很美味。

▼ 用溫熱的鮮奶泡開後使用。

/ 想要輕鬆省事的 \
 時候使用

南瓜粉

南瓜的乾燥粉末。製作南瓜蛋糕時可以省下不少工夫，而且因為不含水分，使用上也很容易。保有原本自然的甘甜，可以做出漂亮的黃色蛋糕。

▼ 加入低筋麵粉一起過篩。

/ 酸酸甜甜的清爽滋味 \

覆盆子粉

比草莓更酸，顏色也更深，混合在打發的鮮奶油中，會呈現出鮮豔的粉紅色。連同種籽一起研碎的粉末質地較粗，可能會出現顆粒。

▼ 加入低筋麵粉一起過篩。

/ 微微的鹹味 \
 也很好吃

/ 買不到新鮮品 \
 的時期使用

紫薯泥

將適合糕點烘焙用的不會太甜的紫心地瓜（芋頭番薯）用濾網篩成的薯泥。也有更方便使用的乾燥粉末，以及可用水還原成泥狀的片狀類型等。

▼ 紫薯蛋糕⇒P.69

櫻花粉

在春天時上市，將鹽漬櫻花冷凍乾燥而成的粉末。有著櫻花麻糬般的香氣和特殊的鹹味，適合做成春意盎然的和風蛋糕。

▼ 加入低筋麵粉一起過篩。

Part 3

五顏六色的
蔬菜魔法蛋糕

將蔬菜泥或碎末混入麵糊中，
利用自然的色素製成
橘色、綠色、黃色、紫色等
讓眼睛也為之一亮的蛋糕！
有了魔法蛋糕的神奇口感，
就連不喜歡吃蔬菜的人
也會不自覺地一口接一口。
推薦做為每日的點心。

番茄的酸味讓甜味變得更加爽口！

番茄羅勒蛋糕

只要使用市面販賣的番茄醬和乾燥羅勒即可，
非常簡單！顏色和風味都能完整呈現。

材料 圓模15cm（固定式）1個份

蛋白霜

蛋白……2顆份
鹽……1小撮
細砂糖（或上白糖）……20g

蛋黃麵糊

蛋黃……2顆
鮮奶……200g
細砂糖（或上白糖）……60g
低筋麵粉……60g
純橄欖油……50g
乾燥羅勒……1小匙
番茄醬（市售・6倍濃縮）……18g

製作前的準備

▼ 低筋麵粉過篩。

▼ 鮮奶用微波爐加熱1分鐘左右，溫熱到約如人體肌膚
的程度。

▼ 模型上鋪好烘焙紙（⇒P.10）。

▼ 烤箱以150℃預熱。

作法

製作蛋白霜 *1* 將蛋白和鹽放入攪拌盆中，用電動攪拌器
打發。一點一點地加入細砂糖，打發到尖
角挺立（硬性發泡）為止。

**製作
蛋黃麵糊** *2* 在另外的攪拌盆中放入蛋黃、1～2大匙
鮮奶和細砂糖，用電動攪拌器攪拌至顏色
泛白為止。

3 一點一點地加入**橄欖油**混合。加入篩過的
低筋麵粉，充分攪拌到完全融合。

4 加入**乾燥羅勒和番茄醬**，每次加入都要充
分混合。將剩餘的鮮奶一點一點地加入混
合。

倒入模型 *5* 將*1*的蛋白霜加入*4*中，用打蛋器輕輕攪
拌6～7次，倒入模型中（⇒P.16）。表
面用橡皮刮刀抹平。

烘烤 *6* 放在已經疊上烤盤的底盤上，以約150℃
的烤箱烤40～50分鐘。

放涼 *7* 用竹籤穿刺表面，搖晃模型，麵糊如果已
經凝固成形就是烤好了（⇒P.17）。充
分放涼後，連同模型一起放進冰箱中冷藏
2～3個小時。食用時，如果有的話可適
量添加小番茄和新鮮羅勒。

Memo

・利用超市販售的小包裝番茄醬
（KAGOME製品，1袋18g），不需再計
量，非常方便。

・使用橄欖油代替奶油，所以味道清淡爽
口。可以凸顯出番茄和羅勒的風味，有
如披薩般的滋味也很適合做為早餐。

漂亮的綠色散發微微的青菜香氣

菠菜蛋糕

加入大量的菠菜泥，營養豐富的蛋糕。
也很推薦在早餐時食用。

材料 圓模15㎝（固定式）1個份

蛋白霜
蛋白……2顆份
鹽……1小撮
細砂糖（或上白糖）……20g

蛋黃麵糊
蛋黃……2顆
鮮奶……100g
水……100g
細砂糖（或上白糖）……60g
無鹽奶油……50g
低筋麵粉……60g
菠菜……多於1/2把（打成泥狀後使用80g）

製作前的準備

▼ 菠菜用水燙成漂亮的顏色，充分擰乾水氣後切成2～3
㎝長。以食物調理機（或是用菜刀切成碎末後充分拍
打）打成滑順的泥狀。取其中的80g來使用。

▼ 低筋麵粉過篩。

▼ 奶油隔水加熱融化，保持在溫熱狀態。

▼ 鮮奶用微波爐加熱1分鐘左右，溫熱到約如人體肌膚
的程度。

▼ 模型上鋪好烘焙紙（⇒P.10）。

▼ 烤箱以150℃預熱。

作法

製作蛋白霜 *1* 將蛋白和鹽放入攪拌盆中，用電動攪拌器
打發。一點一點地加入細砂糖，打發到尖
角挺立（硬性發泡）為止。

製作蛋黃麵糊 *2* 在另外的攪拌盆中放入蛋黃、1～2大匙
鮮奶和細砂糖，用電動攪拌器攪拌至顏色
泛白為止。

3 一點一點地加入融
化的奶油混合。加
入篩過的低筋麵
粉，充分攪拌到完
全融合（a）。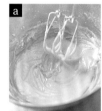

4 將剩餘的鮮奶和水
加入**菠菜泥**（80g）
中充分攪拌，然後一點一點地加入*3*中混
合。

倒入模型 *5* 將*1*的蛋白霜加入*4*中，用打蛋器輕輕攪
拌6～7次，倒入模型中（⇒P.16）。表
面用橡皮刮刀抹平。

烘烤 *6* 放在已經疊上烤盤的底盤上，以約150℃
的烤箱烤40～50分鐘。

放涼 *7* 用竹籤穿刺表面，搖晃模型，麵糊如果已
經凝固成形就是烤好了（⇒P.17）。充
分放涼後，連同模型一起放進冰箱中冷藏
2～3個小時。

Memo
・水煮過的菠菜必須徹底地擰乾水氣。如果食物調
理機難以運轉，就少量少量地加入1～3大匙的水，
讓機器轉動。
・菠菜的水氣一多，麵糊就會變稀，建議最好稍微拉
長時間確實地烘烤。

紅蘿蔔蛋糕

加入蜂蜜，所以就連討厭紅蘿蔔的小孩也一下就吃光光。
做為裝飾佐料的牛奶煮紅蘿蔔也請務必嘗試看看！

材料 圓模15cm（固定式）1個份

蛋白霜
蛋白……2顆份
鹽……1小撮
細砂糖（或上白糖）……20g

蛋黃麵糊
蛋黃……2顆
鮮奶……100g
水……100g
細砂糖（或上白糖）……60g
無鹽奶油……50g
低筋麵粉……60g
紅蘿蔔……80g
蜂蜜……1大匙

製作前的準備

▼ 紅蘿蔔去皮、磨泥（或是用食物調理機打成滑順狀）。

▼ 低筋麵粉過篩。
▼ 奶油隔水加熱融化，保持在溫熱狀態。
▼ 鮮奶用微波爐加熱1分鐘左右，溫熱到約如人體肌膚的程度。
▼ 模型上鋪好烘焙紙（⇒P.10）。
▼ 烤箱以150℃預熱。

作法

製作蛋白霜 ▶ *1* 將蛋白和鹽放入攪拌盆中，用電動攪拌器打發。一點一點地加入細砂糖，打發到尖角挺立（硬性發泡）為止。

製作蛋黃麵糊 ▶ *2* 在另外的攪拌盆中放入蛋黃、1～2大匙鮮奶和細砂糖，用電動攪拌器攪拌至顏色泛白為止。

3 一點一點地加入融化的奶油混合。加入篩過的低筋麵粉，充分攪拌到完全融合。

4 將紅蘿蔔泥、蜂蜜、剩餘的鮮奶和水充分攪拌，然後一點一點地加入*3*中混合。

倒入模型 ▶ *5* 將*1*的蛋白霜加入*4*中，用打蛋器輕輕攪拌6～7次，倒入模型中（⇒P.16）。表面用橡皮刮刀抹平。

烘烤 ▶ *6* 放在已經疊上烤盤的底盤上，以約150℃的烤箱烤40～50分鐘。

放涼 ▶ *7* 用竹籤穿刺表面，搖晃模型，麵糊如果已經凝固成形就是烤好了（⇒P.17）。充分放涼後，連同模型一起放進冰箱中冷藏2～3個小時。食用時，放上牛奶煮紅蘿蔔做為佐料。

Memo
· 加入蜂蜜，紅蘿蔔獨特的味道就會消失不見，小朋友也不會排斥。
· 做為佐料的牛奶煮紅蘿蔔，在印度是被稱為「GAJAR HALWA」的甜點。放涼後直接吃也很美味。

Topping 牛奶煮紅蘿蔔

材料和作法

1 將1/2根份紅蘿蔔泥放入小鍋中，加入鮮奶到浸泡過的程度，開中火加熱。

2 煮開後轉為小火，等鮮奶煮到只剩一半左右時，加入砂糖50g、奶油1大匙、煉乳1大匙混合，熬煮到沒有水分為止。

南瓜蛋糕

南瓜的甜味讓人溫暖舒暢。
整體呈現漂亮的黃色。

材料 圓模15cm（固定式）1個份

蛋白霜

蛋白……2顆份
鹽……1小撮
細砂糖（或上白糖）……20g

蛋黃麵糊

蛋黃……2顆
鮮奶……220g
細砂糖（或上白糖）……60g
無鹽奶油……50g
低筋麵粉……60g
南瓜（去除外皮、種子、內架）……80g

製作前的準備

▼ 南瓜切成一口大小。放入耐熱容器中，鬆鬆地包上保鮮膜，用微波爐加熱4～5分鐘直到變軟為止，趁熱搗成泥狀。

▼ 低筋麵粉過篩。

▼ 奶油隔水加熱融化，保持在溫熱狀態。

▼ 鮮奶用微波爐加熱1分鐘左右，溫熱到約如人體肌膚的程度。

▼ 模型上鋪好烘焙紙（⇒P.10）。

▼ 烤箱以150℃預熱。

作法

製作蛋白霜 *1* 將蛋白和鹽放入攪拌盆中，用電動攪拌器打發。一點一點地加入細砂糖，打發到尖角挺立（硬性發泡）為止。

製作蛋黃麵糊 *2* 在另外的攪拌盆中放入蛋黃、1～2大匙鮮奶和細砂糖，用電動攪拌器攪拌至顏色泛白為止。

3 一點一點地加入融化的奶油混合。加入篩過的低筋麵粉，充分攪拌到完全融合。

4 將南瓜泥和剩餘的鮮奶充分攪拌，然後一點一點地加入*3*中混合。

倒入模型 *5* 將*1*的蛋白霜加入*4*中，用打蛋器輕輕攪拌6～7次，倒入模型中（⇒P.16）。表面用橡皮刮刀抹平。

烘烤 *6* 放在已經疊上烤盤的底盤上，以約150℃的烤箱烤45～50分鐘。

放涼 *7* 用竹籤穿刺表面，搖晃模型，麵糊如果已經凝固成形就是烤好了（⇒P.17）。充分放涼後，連同模型一起放進冰箱中冷藏2～3個小時。

紫薯蛋糕

口感濕潤，紫色的
漸層色調也很有魅力。

材料 圓模15cm（固定式）1個份

蛋白霜

蛋白……2顆份
鹽……1小撮
細砂糖（或上白糖）……20g

蛋黃麵糊

蛋黃……2顆
鮮奶……220g
細砂糖（或上白糖）……60g
無鹽奶油……50g
低筋麵粉……60g
紫薯（或是市售的紫薯泥⇒P.60）……80g
檸檬汁……2小匙

製作前的準備

▼ 紫薯去皮後切成一口大小。放入耐熱容器中，鬆鬆
地包上保鮮膜，用微波爐加熱4～5分鐘直到變軟為
止，趁熱搗成泥狀。

▼ 低筋麵粉過篩。

▼ 奶油隔水加熱融化，保持在溫熱狀態。

▼ 鮮奶用微波爐加熱1分鐘左右，溫熱到約如人體肌膚
的程度。

▼ 模型上鋪好烘焙紙（⇒P.10）。

▼ 烤箱以150℃預熱。

作法

製作蛋白霜 *1* 將蛋白和鹽放入攪拌盆中，用電動攪拌器
打發。一點一點地加入細砂糖，打發到尖
角挺立（硬性發泡）為止。

製作蛋白霜 *2* 在另外的攪拌盆中放入蛋黃、1～2大匙
鮮奶和細砂糖，用電動攪拌器攪拌至顏色
泛白為止。

3 一點一點地加入融化的奶油混合。加入篩
過的低筋麵粉，充分攪拌到完全融合。

4 將紫薯泥、檸檬汁和剩餘的鮮奶充分攪
拌，然後一點一點地加入*3*中混合。

倒入模型 *5* 將*1*的蛋白霜加入*4*中，用打蛋器輕輕攪
拌6～7次，倒入模型中（⇒P.16）。表
面用橡皮刮刀抹平。

烘烤 *6* 放在已經疊上烤盤的底盤上，以約150℃
的烤箱烤45～50分鐘。

放涼 *7* 用竹籤穿刺表面，搖晃模型，麵糊如果已
經凝固成形就是烤好了（⇒P.17）。充
分放涼後，連同模型一起放進冰箱中冷藏
2～3個小時。

適合做為早餐或午餐
法式蔬菜鹹蛋糕

用魔法蛋糕的麵糊製作的
Cake sale（法式鹹蛋糕），
依不同的層次可以享受到近似
法式鹹派和舒芙蕾的口感！
訣竅是在準備作業時要先將
做為配料的蔬菜加熱以減少水分。
做成起司風味，小朋友也愛吃。

材料 圓模15㎝（固定式）1個份

蛋白霜

蛋白……2顆份
鹽……1小撮

蛋黃麵糊

蛋黃……2顆
橄欖油……1大匙
低筋麵粉……60g
無鹽奶油……50g
鮮奶……220g
起司粉（格魯耶爾起司或帕馬森起司）……50g
鹽、胡椒粉……各少許

配料

綠蘆筍……1根
培根……50g
洋蔥……中型1/4顆

製作前的準備

▼ 綠蘆筍切成3cm長，快速用鹽水燙過。培
  根切成1cm寬，洋蔥切成薄片，依照順序
  用平底鍋炒到上色後放涼。
▼ 模型上鋪好烘焙紙（⇒P.10）。放上調
  理過的配料。
▼ 低筋麵粉過篩。
▼ 奶油隔水加熱融化，保持在溫熱狀態。
▼ 鮮奶用微波爐加熱1分鐘左右，溫熱到約
  如人體肌膚的程度。
▼ 烤箱以150℃預熱。

作法

製作蛋白霜 **1** 將蛋白和鹽放入攪拌盆中，用電動攪拌
器打發到尖角挺立（硬性發泡）為止。

製作
蛋黃麵糊 **2** 在另外的攪拌盆中放入蛋黃和橄欖油，
用電動攪拌器攪拌至顏色泛白為止。

3 一點一點地加入融化的奶油混合。加入
起司粉、鹽、胡椒粉混合，再加入篩過
的低筋麵粉，充分攪拌到完全融合。

4 將鮮奶一點一點加入3中攪拌混合。

倒入模型 **5** 將1的蛋白霜加入4中，用打蛋器輕輕
攪拌6～7次，倒入模型中（⇒P.16）。
表面用橡皮刮刀抹平。

烘烤 **6** 放在已經疊上烤盤的底盤上，以約
150℃的烤箱烤45～50分鐘。

放涼 **7** 用竹籤穿刺表面，搖晃模型，麵糊如果
已經凝固成形就是烤好了（⇒P.17）。
充分放涼後，連同模型一起放進冰箱中
冷藏2～3個小時。切成容易食用的大小
後裝盤，依個人喜好搭配生菜或黑橄欖
等。

Part 4

魔法蛋糕的
節慶裝飾

切開後讓人驚豔的魔法蛋糕，
也同樣適合做為生日、聖誕節、
萬聖節等各種節慶的蛋糕。
在此要為你介紹對初學者來說
也很簡單的裝飾方法，
以及風味非常速配的推薦蛋糕。
請仔細確認烘烤完成時的狀態，
檢查一下是否有烤熟哦！

生日蛋糕要稍微華麗一些！

生日蛋糕

在簡單的基本魔法蛋糕上進行裝飾。
鮮奶油的擠花方法要多下一點工夫。

基底蛋糕

基本的魔法蛋糕 ⇒ P.13～17
圓模 15 cm

\\ 也推薦這些蛋糕 \\

養生的米粉魔法蛋糕 ⇒ P.30
草莓鮮奶油蛋糕 ⇒ P.36

Point

整體進行鮮奶油裝飾時，為了避免蛋糕變形，建議最好充分烘烤，將奶油層烤得稍硬一點。要烤到竹籤上沾附的麵糊凝固成形為止。

裝飾

材料 圓模 15 cm（固定式）1個份

鮮奶油……200ml
細砂糖……20g
草莓……2～3顆
白巧克力片（市售品）……1片
巧克力磚（隔水加熱融化⇒P.77）……適量

裝飾前的準備

▼ **鮮奶油打到八分發**
攪拌盆中放入鮮奶油和細砂糖，墊在另一個裝有冰水的大攪拌盆之上，用電動攪拌器打發到尖角挺立為止。

▼ **將鮮奶油裝入擠花袋中**
將花瓣形的花嘴裝在擠花袋上，用拇指將花嘴上方的袋子往花嘴推入。將打發的鮮奶油約1/4量裝入擠花袋中，緊握袋口，將鮮奶油擠到末端，然後將推入花嘴的袋子拉出來，再次收緊擠花袋，將鮮奶油填擠到花嘴處後，先放入冰箱中冷藏。

裝飾方法

1 將基底蛋糕放在平盤上，抹上攪拌盆中剩餘的鮮奶油約2/3的量。用抹刀抹開來，稍微垂流到側面（a）。

2 抹刀縱向置於側面，一邊轉動盤子，一邊將垂流的鮮奶油塗抹開來（b）。

3 同樣地將攪拌盆中剩下的鮮奶油重疊塗抹在側面。塗抹到痕跡感覺自然即可。

4 在上方擠鮮奶油。將花瓣形花嘴立起來（長長突出的花嘴口放在下側），沿著蛋糕邊緣有如波浪般地擠出帶狀的皺褶（c）。

5 一邊轉動盤子地擠上一圈後，內側再擠一圈。先放入冰箱中冷藏（d）。

6 依個人喜好，將巧克力裝入用烘焙紙做的簡易擠花袋中（⇒P.77），在巧克力片上寫好文字後，放於冰箱中冷藏（e）。等到要食用前才在蛋糕上裝飾縱切成4等分的草莓和巧克力片（f）。

a

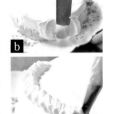
b

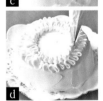
c

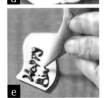
d

e

f

用輕柔的鮮奶油做成雪綿帽

聖誕蛋糕

活用蛋糕體的顏色，單純地覆上鮮奶油。
巧克力的裝飾也很簡單，請務必試試看！

基底蛋糕

柳橙可可蛋糕 ⇒P.54
圓模 15 cm

╲ 也推薦這些蛋糕 ╱

草莓鮮奶油蛋糕 ⇒P.36
巧克力蛋糕 ⇒P.42

Point

除去周圍的柳橙片來烘烤。因為麵糊中混有柳橙皮，就算沒有新鮮的柳橙，還是能在入口時感受到彷彿隱藏版味道般的柑橘清爽風味。

裝飾

材料 圓模 15 cm（固定式）1個份

鮮奶油……100ml
細砂糖……10g

巧克力醬
巧克力磚（純苦巧克力或牛奶巧克力）
　　……1片（約60g）
無鹽奶油……10g
鮮奶……2大匙（30g）

裝飾糖珠（金色或銀色‧大顆）……適量

裝飾前的準備

▼ **鮮奶油打到八分發**
攪拌盆中放入鮮奶油和細砂糖，墊在冰水上，用電動攪拌器輕輕打發到尖角挺立為止（⇒P.73）。

▼ **製作巧克力醬**
巧克力磚切碎。鍋中裝滿約50℃的熱水（水一冒出燒熱的熱氣即熄火），將放入巧克力和奶油的攪拌盆底部墊在熱水中使其融化。待其融化成滑順狀後，加入鮮奶攪拌混合。

裝飾方法

1 將基底蛋糕放在平盤上，把打發的鮮奶油全倒上去（a）。

2 用抹刀從中心將鮮奶油抹開，稍微垂流到側面（b）。

3 手掌托在盤子下面拿高，從底下輕輕敲打，讓鮮奶油適度地垂流到側面（c），直到蛋糕下面顏色較深的美朗層只有露出一點點的程度。

4 洗淨抹刀，用末端舀起少量的巧克力醬，快速的抹在鮮奶油上。反覆進行，往各個方向塗抹（d）。

5 撒上糖珠（e），食用之前先放在冰箱中冷藏。

a

b

c

d

e

和可愛的角色們開舞會囉♪

萬聖節的南瓜蛋糕

鮮奶油中也加入了南瓜。使用可以描繪細線的
巧克力簡易擠花袋，用畫畫的感覺來裝飾吧！

基底蛋糕

南瓜蛋糕 ⇒P.68
方模 15cm

╲╲ 也推薦這些蛋糕 ╱╱

紫薯蛋糕 ⇒P.69
將和南瓜一樣搗成泥的紫薯混合在鮮奶油中。

Point
材料分量和P.68的圓模15cm一樣。不同的
只有南瓜，連同裝飾用的共計110g，加
熱搗成泥狀後，先取出用於裝飾的30g。

裝飾

材料 方模15cm（固定式）1個份

鮮奶油……100ml
南瓜（在製作麵糊時先搗成泥狀）……30g
巧克力磚（純苦巧克力或牛奶巧克力）
　　……1片（約60g）
南瓜籽（堅果）……依個人喜好適量

裝飾前的準備

▼ **製作南瓜鮮奶油**
攪拌盆中放入鮮奶油和細砂糖，墊在冰水上，用電動
攪拌器打發到尖角挺立為止（⇒P.73）。取出少量用
於蝙蝠的臉部，其餘的加入南瓜泥攪拌混合。

▼ **將鮮奶油裝入擠花袋中**
擠花袋裝上圓形花嘴（大），和P.73同樣
地填裝南瓜鮮奶油後，放進冰箱中冷藏。

▼ **巧克力隔水加熱融化**
巧克力磚切碎。鍋中裝滿約50℃的熱水
（水一冒出燒熱的熱氣即熄火），將放入
巧克力的攪拌盆底部墊在熱水中使其融
化。由於放久了就會凝固，所以要馬上裝
填入簡易擠花袋中使用。

裝飾方法

1. 如照片般用巧克力簡易擠花袋
在烘焙紙上畫3層同心圓。使
用竹籤從最裡面的圓圈開始以
放射狀拉開巧克力，做成蜘蛛
網狀（a）。

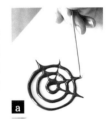

2. 同樣地描繪出蝙蝠模樣的框
線，中間塗滿巧克力（b）。
為了避免巧克力流溢，烘焙紙
須保持水平地拿到冰箱中冷藏
凝固。

3. 將基底蛋糕放在平盤上，在喜
愛的位置擠上南瓜鮮奶油。往
上方拉起，讓末端呈凸起狀，
看起來就會很可愛（c）。

4. 在食用前將1和2從烘焙紙上
剝離。竹籤末端沾上先前取好
的鮮奶油，描繪蝙蝠的臉部，
裝飾在蛋糕上。南瓜鮮奶油上
面裝飾南瓜籽（d）。

簡易擠花袋的作法

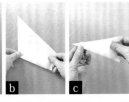

1. 先將烘焙紙裁剪成20cm的正方形，再依對角線裁剪，做成等邊三角形（a）。
2. 用左手捏住長邊的中心點，右手從下面的角開始一圈一圈地捲起來（b）。
3. 拉出內側的紙，使擠花嘴變得尖細；超出的紙摺入內側，做成三角錐形（c）。
4. 裝入融化的巧克力，上端往內摺，用剪刀將擠花口剪開1～2mm來使用。

用心形烤盅來製作滿滿都是巧克力的蛋糕

情人節的巧克力烤盅蛋糕

若是使用烤盅，就算烤好後顯得太軟，
還是可以品嘗到宛如楓丹巧克力風味的蛋糕，沒有失敗這回事！

基底蛋糕

巧克力蛋糕 ⇒P.42
心形烤盅
12×12×高6cm　3個份

＼ 也推薦這些蛋糕 ／

柳橙可可蛋糕 ⇒P.54
（不需要裝飾的柳橙）

綜合莓果白巧克力蛋糕 ⇒P.56

Point

15cm圓模的材料分量，可以製作3個上述大小的
烤盅蛋糕。烘烤時間大約為25分鐘，以竹籤確
認麵糊是否已經成形。在麵糊中添加少量的蘭姆
酒或白蘭地，就能成為大人喜愛的風味。
如果是用紙製的模型製作，必須使用材質堅固而
不易變形的種類。15cm圓模的一半材料，可以
做出6個直徑5cm的紙杯模蛋糕。

裝飾

材料（容易製作的分量）

巧克力磚（純苦巧克力或牛奶巧克力）
　　……1/2片（約30g）

裝飾前的準備

▼ **削刮巧克力磚**
在切菜板（或是烘焙紙）上，
將巧克力磚的平滑面朝上放
置，以湯匙由外向內薄薄地刮
取巧克力。用稍大一點的咖哩
用湯匙等比較容易削刮。

裝飾方法

取適量的巧克力屑撒在已經放涼的蛋糕上。蛋糕如果還
有熱度，巧克力就會融化，所以一定要放涼後才能裝
飾。

Gift 烤盅蛋糕的包裝

將喜愛的紙張貼在適合烤盅大小的空盒蓋子上，再
填入充足的紙絲墊材。放上烤盅後，上面再包覆一
張玻璃紙，就很方便攜帶了。最後再以輕薄的布或
紙，蓬鬆地將其包裝起來。

飯田順子

糕點・麵包・料理研究家。結婚後開始糕點的研究，二度單身前往Ecole Ritz Escoffier和Lenotre巴黎校等法國的糕點烘焙學校留學。回國後曾於企業就職，目前在東京・中目黑開設糕點麵包教室「Feve工作室」。著書有：《ホームベーカリーで簡単手づくり！体にやさしいパンとスイーツ》（學研PLUS）等。

http://feve.net

日文原著工作人員

攝影	吉田篤史
造型	坂本典子（scelto5）
設計	釜內由紀江　清水 桂（GRiD）
調理助手	鈴木慶子
編輯製作	山崎さちこ（scelto5） 西川真紀
攝影協助	AWABEES ☎ 03-5786-1600 UTUWA ☎ 03-6447-0070

國家圖書館出版品預行編目資料

魔法蛋糕：來自法國的新口感魔法蛋糕/
飯田順子著；彭春美譯. -- 二版. --
新北市：漢欣文化事業有限公司, 2021.03
80面；19x26公分. --（簡單食光；4）
譯自：ガトー マジック~フランスで生まれた、魔法の新食感ケーキ~

ISBN 978-957-686-804-7(平裝)

1.點心食譜

427.16　　　　　　　　　　110001912

簡單食光 4

魔法蛋糕（暢銷版）
來自法國的新口感魔法蛋糕

作　　者	飯田順子
譯　　者	彭春美
總　編　輯	徐昱
封 面 設 計	陳麗娜
出　版　者	**漢欣文化事業有限公司**
地　　址	新北市板橋區板新路206號3樓
電　　話	(02)8953-9611
傳　　真	(02)8952-4084
郵 撥 帳 號	05837599 漢欣文化事業有限公司
電 子 郵 件	hsbookse@gmail.com
二 版 一 刷	2021年3月

本書如有缺頁、破損或裝訂錯誤，請寄回更換

Les Gateaux Magiques ~ France de umareta mahou no shinshokkan Cake ~
© Junko Iida 2016
First published in Japan 2016 by Gakken Plus Co., Ltd., Tokyo
Traditional Chinese translation rights arranged with Gakken Plus Co., Ltd.
through Keio Cultural Enterprise Co., Ltd.,